2016 年度江西省文化艺术科学规划项目资助
（课题编号：YG2016047）
《面向 3D 打印的陶瓷产品艺术设计研究》

陶瓷 3D 打印技术与实现

张明春 杨 玲 著

中国戏剧出版社
CHINA THEATRE PRESS

图书在版编目（CIP）数据

陶瓷3D打印技术与实现 / 张明春，杨玲著. -- 北京：
中国戏剧出版社，2020.10
ISBN 978-7-104-04926-5

Ⅰ．①陶… Ⅱ．①张… ②杨… Ⅲ．①立体印刷—印
刷术—应用—陶瓷艺术—制作 Ⅳ．①TS853②J527

中国版本图书馆CIP数据核字(2020)第021745号

陶瓷3D打印技术与实现

责任编辑：赵宇欣
责任印制：冯志强

出版发行：中国戏剧出版社
出 版 人：樊国宾
社　　址：北京市西城区天宁寺前街2号国家音乐产业基地L座
邮　　编：100055
网　　址：www.theatrebook.cn
电　　话：010-63385980（总编室）
传　　真：010-63383910（发行部）

读者服务：010-63381560
邮购地址：北京市西城区天宁寺前街2号国家音乐产业基地L座

印　　刷：北京九州迅驰传媒文化有限公司
开　　本：787mm×1092mm　1/16
印　　张：11.25
字　　数：140千字
版　　次：2020年10月　北京第1版第1次印刷
书　　号：ISBN 978-7-104-04926-5
定　　价：88.00元

前　言

　　增材制造也称 3D 打印，是基于"离散——堆积"原理，由三维数据驱动直接制造产品的新技术。它实现了产品复杂造型"自由成型"，降低了新产品的研发成本，它伴随着快速成型技术的成熟而逐渐成为设计师、艺术家进行创作的重要工具，对传统制造造成一定冲击。2015 年 5 月，国务院印发部署全面推进实施制造强国的《中国制造 2025》战略文件，这份文件不但为中国制造业未来 10 年设计顶层规划和路线图，而且更加详细地制定了若干发展指标，其中包括数字化研发设计普及率、关键工序的数控化率等具体指标，提出重点发展适用于个性化制造的全面解决方案，包括检测、计算机辅助设计与制造技术。2016 年，马云在杭州云栖大会上提出了数据驱动下的"新制造"的概念，它是区别于传统制造的规模化、标准化，服务也从 B2C 走向 C2B，他将智慧化、个性化和定制化列为"新制造"的特征。3D 打印在"新制造"体系里，与新零售、新金融、新能源以及新技术实现互通，用户通过手机终端设计并定制个性化需求的产品。通过新金融买单，系统接到订单后，智能工厂以 3D 打印等新制造技术完成生产，并在最短的时间内配送到用户手中，整个环节减少了物料浪费、生产方式对环境友好，能源没有额外的消耗，使得各行业共同织接成一张新的工业生态互联网。

　　本书着重论述 3D 打印技术的原理及应用，尤其是以陶瓷泥料为原料时的成型技术。第一部分紧密围绕引起社会变革的技术革命，厘清了增材技术发展的脉络、社会背景，概述了增材制造的应用领域；第二部分主要探析增

1

材制造的技术基础与后处理工艺，是全书的技术核心内容；第三部分详解了陶瓷产品艺术设计的间接成型方法，拓展了陶瓷产品艺术设计的方法维度；第四部分则基于 FDD 技术，详解了陶瓷 3D 打印直接成型方法的工艺过程，并举了详细的案例，技术操作过程具有可复现性；第五部分从审美的角度研究陶瓷 3D 打印的艺术设计作品给人们带来精神欢愉；第六部分则展望陶瓷 3D 打印的未来，提出了绿色制造理念下的新城市工厂观点，期待未来陶瓷 3D 打印服务全面开展。第七部分为陶瓷 3D 打印艺术设计作品赏析。

本书的目标读者设定为设计师、艺术家和从事创意文化产业的研究学者，新兴的技术不但对人们常见的视觉形式带来冲击，突破传统手工艺的边界，也将进一步推动产业转型升级。

本书是课题《面向 3D 打印的陶瓷产品艺术设计研究》（课题编号：YG2016047）的最新研究成果，受到了 2016 年度江西省文化艺术科学规划项目资助。

此外，本书还要特别感谢景德镇陶瓷大学设计艺术学院邹晓松院长的大力支持，他关注设计学前沿技术，并督促、鼓励本人从事陶瓷 3D 打印方向的相关研究工作；特别感谢湖南源创高科工业技术有限公司董事长、总经理彭虎先生的鼎力支持，感谢苏国强、唐晖两位工程师的大力协作，感谢销售总监罗小龙的关注！

张明春

2019 年 12 月于景德镇

目　录

第一部分

概述：缘起增材制造

一　从工业 1.0 到工业 4.0

自以蒸汽机的发明为开端的第一次工业革命起，至今已发展到生物技术、人工智能技术为标志的第四次工业革命，人们的生活方式、产品的生产制造方式都伴随着技术革命而不断变化。

产品设计的发展与工业革命的变化发展密不可分。18 世纪中叶，生产力发展迅猛，以工场手工业为主的生产方式已经不能满足市场的需要，珍妮纺织机的发明揭开了第一次工业革命的序幕，瓦特制成了改良型蒸汽机，各个行业开始普及机器的使用，蒸汽为动力的汽船试航、蒸汽机车的发明、小车

图 1-1　珍妮纺纱机

图 1-2　瓦特与其发明的蒸汽机模型

图 1-3　工业 2.0 时代的汽车，福特流水线

厢火车的试车成功都极大地提升了生产效率。此外，工厂成为了集中进行工业化大生产的重要场所，人类社会从此进入工业 1.0 的"蒸汽时代"。在这个机械制造时代，人们逐渐建立起"产品"的概念，以机器为本，设计也从制造中分离出来。

第二次工业革命自 19 世纪七八十年代起，在 20 世纪初基本完成。在这段时间里，科技不断进步，发电机、电动机的发明与大范围应用标志社会的发展进入"电气时代"阶段。工业生产新的自动化生产方式导致企业对电力、石油等能源的需求不断加大，生产重心开始转向重工业与化学工业，工业进入大规模生产时代。各种新技术、新发

图 1-4　计算机的真正普及是从用户容易操作的 DOS 升级到
Windows 图形操作系统开始

图 1-5　克隆技术

明层出不穷，电灯、电话、无线电报、汽车、电影、内燃机、塑料、人造纤维等新产品如雨后春笋般涌现出来。与此同时，蹩脚的产品也层出不穷，人们开始意识到以用户为中心的重要性，有别于传统装饰设计的、具有良好通配性的、标准化的、以用户为中心的设计产品在工业 2.0 时代脱颖而出。

　　技术的创新与变革导致了前两次的工业革命，从手工业转为机械化大生产式的协作方式，人们的生活方式也向工业化消费社会转变。1946 年，第一台现代电子计算机在美国宾夕法尼亚大学诞生，它标志着第三次工业革命（工业 3.0）信息化时代的到来，生物技术、原子能技术、空天技术、海洋技术、人造材料、互联网技术在这一时期突飞猛进，人造卫星、核电站建设、纳米产品相继问世。当面对环境恶化、全球变暖、文化差异与生活方式变迁等诸多复杂问题时，人们开始选择遵循自然规律，追求人与自然的和谐相处，以自然为中心的绿色设计、可持续设计、通用设计等新理念相继出现。这时，

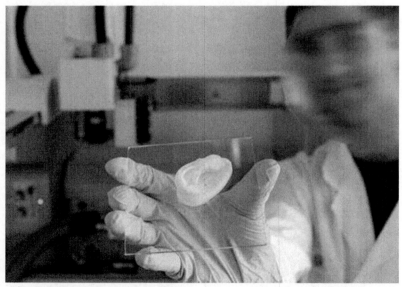

图 1-6　以可生物降解的木质纳米纤维素为原料，通过 3D 打印技术职称的人造耳朵

图1-7 位于美国圣何塞的苹果新总部大楼，不需要空调也能保持与室外一样温暖
舒适的温度

服务于工业制造的产品设计已经开始延展到无形的社会服务，开始从物质延
伸到非物质设计。

工业革命4.0是2013年德国政府正式发布《德国工业4.0战略》中明确
提出的，同年英国政府也发布了《英国工业2050战略》，我国政府在2015年
正式发布《中国制造2025》的发展战略，规划了我国未来十年的顶层设计和
路线，通过努力实现从中国制造向中国创造、从中国速度向中国质量、从中
国产品向中国品牌的转变的战略，利用十年时间，基本实现工业化进程，迈
入制造强国。这个发展战略旨在打造具有国际竞争力的制造业，以全面提升
综合国力、保障国家安全。工业4.0的本质是以机械化、自动化和信息化工
业为基础，以智能技术如人工智能（包括智能家电、智能工厂、智能生产）、
3D技术、数字化制造技术、云计算、物联网、大数据、网络通讯技术、个性
定制与创新、服务等为主导的新形式，实现从传统工业向智能化、个性化、

人性化后工业的转变。传统工业，生产与消费相分离，消费者与生产企业之间的信息不对称，造成"设计——生产——销售"系统相对孤立。在互联网诞生以后，用户之间、用户与企业、企业之间彼此进行实时无阻的沟通，消费者购买意愿不断增强，需求也变得多种多样，而个性化定制式的产品受限数量问题使得机械化大生产也变得愈加困难。这就需要一种新的能够满足小批量、快速化、定制式的现代生产方式，以满足市场用户的多样需求，智能

图 1-8　支付宝快捷扫脸支付

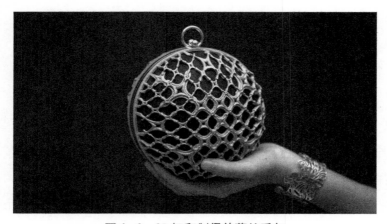

图 1-9　3D 打印制得的蕾丝手包

式生产、智能化工厂使得人们的生活变得更多样、更环保、更富有科技感。

与传统制造不同的增材制造方式它可以满足上述需要，可以将生产与消费重新统一起来，消费者可以自行生产需要的物品，城市周边会有具有绿色意义的智能工厂出现，社会的协作创造将会减少、个体创造才会有机会增加。

二 传统设计与减材制造

1.减材制造及其类型

减材制造，顾名思义，是将原材料装夹固定在加工设备上，通过刀具减少或者去除材料的方式成型，通常使用的加工方式有车、铣、刨、磨、削等。

车削成型就是在车床上，利用待加工件的旋转运动和车刀刀具的直线运动或曲线运动来改变毛坯的形状与尺寸，把它加工成符合图纸的要求的过程。车削减材加工通常使用车刀来加工回转表面，如圆柱面、锥面、端面等。

铣削成型则是待加工件被固定，铣刀高速旋转并在坯料上走位，切削出设定的形状和特征。铣削加工主要用于加工轮廓、平面、沟槽等外形特征，精度较高。

图 1-10 传统车削成型加工，是将余量材料去除的减材成型

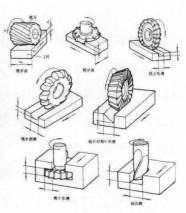

图 1-11 传统铣削成型的加工过程示意

图 1-12　工作中的 CNC 加工中心状况

　　刨削成型工作原理较为简单，它是利用往复运动处理坯料的表面，效率较车铣成型较低，主要用在刨制台阶面、制齿条等用途。

　　磨削成型则主要使用磨料、磨具切除坯料上多余材料的方法。

　　以上这些传统的减材成型依靠工人手工操作相关车床设备完成机械加工过程，对于复杂造型需要人为干预较多的制件过程，因此适合小批量、简单的坯料处理。CNC 数控加工中心则有效地弥补了手工制造的不足，它是由数控机床自动控制完成整个机加工过程，由程序驱动的自动化机床，按照逻辑处理具有控制编码或其他符号指令规定的程序，通过计算机译码，使机床执行设定好了的加工动作，最终将一块原始的坯料通过长时间精密加工，最终打造成想要的造型。

　　同手工加工相比，CNC 机加工自动化程度更高，数控精密加工精度更高，有的甚至可达到 0.01mm 精度。它使用程序化控制的加工中心，将电脑中的数字化模型转化成机器可以识别的代码，并且通过控制铣刀头将毛坯材料加工成半成品或成品模型。

CNC 加工中心具有以下几个特点：

（1）自动换刀，速度快、成本低；生产效率高。

（2）表面质量高，加工质量稳定。除了加工精度因素外，还可以采用喷漆、丝印、电镀、亚光等多种工艺，对模型的表面进行后期处理。

（3）可用材料多：塑胶类的手板材料包括 ABS、亚克力、PP、PC、POM 尼龙、电木等材料；五金类的手板材料有：铝、铝镁合金、铝锌合金等。

（4）难于加工复杂的型面。

（5）在产品设计流程里，CNC 机加工可用于制作外观模型和结构模型。

2. 减材制造在产品研发中的作用

CNC 加工中心一方面，在产品设计完成后，为验证设计的合理性，以 CNC 加工方式，作出和计算机数据模型一模一样的实物，以验证电脑中的虚拟分析、虚拟装配等，这种方式将会有效地降低了模具开发的风险。

另一方面，把产品的装饰图案也一同变成实物以完成评审。经过 CNC 机加工的模型表面，可以进行装饰处理，如实地反映设计师意图。

图 1-13 中就是经过加工后的产品模型效果，并且经过表面处理工艺，完成了产品图案装饰，它能让人们非常直观地感受到产品的最终状态。

图 1-13　经过表面处理后的产品样件

3. 减材制造的前处理与准备

传统设计过程中，要求设计师必须拥有很强的空间想象能力和表达能力，当进行产品设计时，需要设计师首先按照想象出的三维造型，并按照投影规律，在二维的图纸上将产品的三维造型表现出来。

早期的设计主要以水粉材料为主，辅助以气泵、喷笔、模板等工具绘制产品的预想图，绘制这种图纸，通常需要较大的空间，设计工具不便携带，喷绘时有较大声响，但那时仍是设计师完整的表达设计思想的最直接有效的方法，因此设计师多需要经过长时间的积累与培训才能获取手绘技能，掌握相关知识。手绘方案不但要表现结构与造型形态，还要体现其功能性与艺术性。手绘效果图的目的是用绘画手法来表现产品设计的构想语言，它受描绘对象的生产工艺性所制约，不但侧重于感性观念的创作，注重形态的真实性，还要注重工具的使用（如绘图仪器、尺、模板等），所以手绘效果图的绘画相对来说是理性与感性的结合体。

图 1-14　手绘概念汽车设计

在手绘效果图时，首先需要考虑画面的布局；其次需要构思整体的造型，如何更加准确地表现设计意图，如何按照透视原理将三维空间的造型在二维图纸上表现清楚；再次需要把握色彩，使得设计作品变得更加生动；最后材质与质感使得产品变得与众不同，使得设计师的创意更加逼真的显现出来。

（1）布局。

明确所要设计的产品概念，把握设计的立意进行构思与布局。合理的构图是最初布局表现阶段的重点，它需要把不同的造型要素在画面上有机地结合起来，并按照设计概念，适当地安排在画面中合适位置上，进而达到视觉上的平衡。

（2）造型表现。

运用透视规律来表现概念产品的结构，再运用艺术性的手法来渲染表现造型的明暗、尺寸与结构，最终完成产品表现图，从而体现设计师的意图。在绘制产品概念造型过程中，重点在于透视的准确表达，不但以单线来表现立体感，有时还需要处理明暗关系以加强立体效果。在手绘效果图中，素描中"三大面、五大调"的运用可根据设计效果的不同再进行概括和简化。在实际设计表现中，需要根据效果图的不同用处，来选择复杂与概括的表现方法，以便更清楚地表达设计概念，应对设计师讨论、用户评价等场合。

（3）把握色彩。

一般效果图的色彩应力求简洁、概括、生动，减少色彩的复杂程度。为增强艺术效果，有的色彩效果图可以运用有色纸做底色来表现，一是色彩均匀；二是节省涂色时间；三是可以很好地进行色彩统一；四是对比强烈，也增强了产品效果图的艺术性、趣味性。

用色彩表现效果图时，不仅表现色彩的关系、物体明暗关系，还要注意表现出不同材质的质感效果。要根据不同表面材质的特征使用相应的运笔方式。如有的表面肌理不显著，运笔可保持同一方向，涂色用笔要有速度，力求干净利落，而暗部涂色可采用有变化的笔触，色彩并有冷暖的差别。

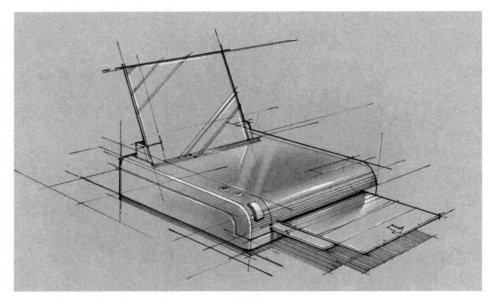

图 1-15　带有底色的效果图

（4）追求质感。

质感是指对产品的不同部件使用不同的技巧以表现产品的真实感。质感的表现方法在产品手绘效果图中有很大的作用，它能使设计效果图更加逼真、更具说服力。不同的物质其表面的自然特质我们称为天然质感，如空气、水、岩石、竹木等；经过人工的处理的表现感觉则称人工质感，如砖、陶瓷、玻璃、布匹、塑胶等。不同的质感给人以软硬、虚实、滑涩、韧脆、透明与浑浊等多种不同感觉，可以使用以下方法进行表现。

表现金属质感。明暗过渡柔和，在光的照射下对比强烈，在表现光泽度较强的表面时，要注意高光、反光和倒影的处理，笔触应平行整齐，可用直尺来表现。

表现透明材料质感。玻璃（有色、无色）要掌握好反光部分与透过光线的多角性关系的处理。透明材料基本上是借助环境的底色，施加光线照射的色彩来表现。

表现木材质感。主要是木纹的表现，要根据木材的品种。首先平涂一层木材底色，然后再徒手画出木纹线条，木纹线条先浅后深，使木材质感自然流畅。

表现石材质感。石材在室内应用比较广泛其质地坚硬，光洁透亮，在表现时先按照石材的固有色彩薄薄涂一层底色，留出高光和反光，然后用勾线笔适度画出石材的纹理。

表现皮革与塑料质感。皮革与塑料表面光滑无反射，介于玻璃和木材之间，没有玻璃那样光亮，与木材相比又有光泽，明暗过渡比较缓慢，涂色时要自然均匀。

手绘效果图是专业的设计语言，它是在没有电脑现代设计工具之前，最具感染力的表现手段，不但表现力强，而且艺术感十足，在一些方面它具有计算机无法替代的优势。手绘效果图是设计师快速表达和记录设计师构思过程、设计理念，快速记录形象思维、捕捉设计师瞬间的创作灵感，体现设计师的综合素质。手绘效果图不仅可以用于设计师之间的沟通，而且可用于

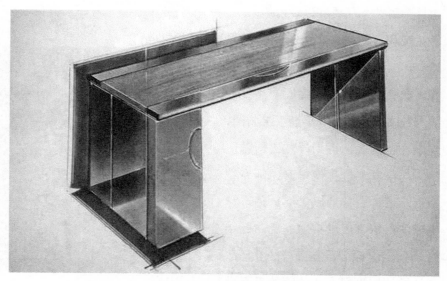

图 1-16　手绘的木质肌理

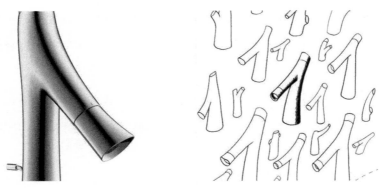

图 1-17　飞利浦斯塔克的手绘图

设计师与用户交流，它是一种便捷、合理、有效的设计方式，用以研究、分析产品的造型和结构，检验和推理产品设计的合理性。总之，手绘效果图是具有特殊的形式美特征，并且传递设计师形象思维过程的一种专业性很强的"特殊语言"。

手绘图独具艺术自由与设计理性两方面气质，形神兼备、表达流畅、具有天然的艺术气质，手绘效果图的极致是艺术赋予产品以形象和精神特质，也体现了艺术品质和设计价值。

现代设计则应用计算机辅助设计技术，以计算机绘图替代手工制图，或直接在电脑中完成产品设计的三维模型建构。从早期手工制图，到计算机制图，再到计算机辅助造型，这个发展过程使得设计师专注于创意设计，并可以借助这种计算机辅助分析手段虚拟地完成功能结构分析、虚拟装配与工艺分析等。产品设计的流程也从传统的串行设

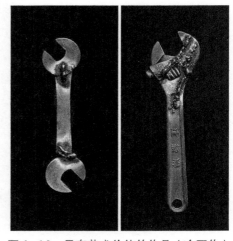

图 1-18　具有艺术价值的作品（冷军作）

计演变为现代并行设计，提高了产品设计效率，缩短了产品开发周期。

　　计算机辅助设计，一方面是应用计算机技术经历从无到有的过程，设计出新产品；另一方面它还会将设计出的新产品以实体的形式制造出来。在这个过程中，计算机数据模型成为连接设计与制造的桥梁，高质量的数据模型能够利于机器代码的高效转换，改善加工中心的制造工艺，进而大幅提升制造效率。

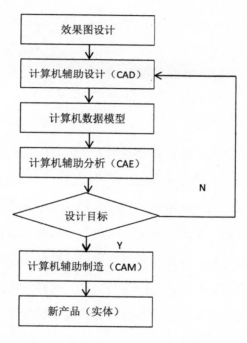

图 1-19　新产品开发中减材制造的流程

　　在计算机辅助设计获得数据模型的过程中，设计师经常使用两类应用软件：效果图制作软件与工程设计软件。效果图制作软件主要是面向是视觉，以产品的概念表现为主，它主要是侧重创意的透视表达，用来推敲完善设计想法，修改完善方案；同时还起到设计师之间、设计师与客户之间的沟通作用，让设计师以更高效、更简明、更直接的方式去表达设计的最终效果。经常使用的效果图三维设计软件有 Rhino、MAYA、3D Max 等，它们有的软件

图 1-20　虚拟的宜家厨房的效果图

虽有尺寸概念，但大体上还是以视觉效果为评价目标，通过计算机软件内构建的三维空间，模拟真实的仿真环境，将平面的图形三维立体化，这些效果图软件可以制作出接近实物水准的材质、质感与色彩，是用于产品评价的既经济又高效的重要手段。例如，在宜家家居的产品橱柜销售中，会首先按照消费者家庭中的厨房数据，使用效果图三维设计软件构建出厨房场景，然后使用已有的产品库数据，对厨房空间进行装饰，这样可以直观地看到各种材料及橱柜的空间装饰搭配效果，方便选择也提高了销售的成交率，提升了品牌的整体形象。

Rhino 三维造型软件

Rhino 软件一种是以 NURBS（Non-Uniform Rational B-Splines）曲线样条和曲面为理论基础的 3D 建模软件，它比传统的网格建模方式更好地控制物体表面的曲线度，进而能够创建出更逼真、生动的造型。NURBS 曲线和 NURBS 曲面在传统的工程设计领域是不存在的，它是为使用计算机辅助进行 3D 建模而专门建立气的理论，是 1975 年由美国雪城大学（Syracuse University）的 Versprille 在其博士学位论文中提出的样条方法，1991 年，国际标准化组织（ISO）颁布的工业产品数据交换标准 STEP 中，把 NURBS 方法作为定义工业产品几何形状的唯一数学描述方法，从而使 NURBS 方法成为曲面造型技术发展趋势中最重要的基础。

在 3D 建模的内部空间用曲线和曲面来表现轮廓与外形，它们是用数学表达式构建的，NURBS 数学表达式是一种复合体。NURBS 造型总是由曲线和曲面来定义的，要在 NURBS 表面里生成一条有棱角的边是很困难的，也正是因为这一特点，可以利用它作出各种复杂的曲面造型和表现特殊的效果，如人的皮肤，面貌或流线型的跑车等。Rhino 软件可以快速构建出设计师所要表达的创意曲面，符合设计师的思维模式，造型能力强，效率高，对硬件要求较低，但无法达到高精度制造的标准，因此适合于产品设计领域的效果图制作，用于外观造型设计与表达。

Rhino 软件的另一显著的优势在于插件众多，尤其是参数化设计领域。Grasshopper（简称：GH）就是一款在 Rhino 环境下运行的采用程序算法生成模型的插件。与传统建模工具相比，GH 的最大的特点是可以向计算机下达更加高级复杂的逻辑建模指令，使计算机根据拟定的算法自动生成模型结

图 1-21　犀牛计算机辅助建模示例

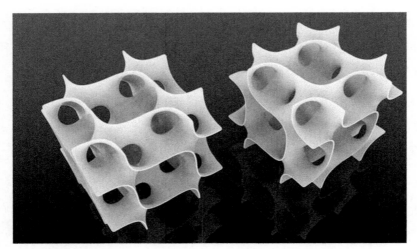

图 1-22　Grasshopper 不同参数时展现出的数字模型的状态

图 1-23　3D Max 软件制作的三维场景效果

果。通过编写建模逻辑算法，机械性的重复操作可被计算机的循环运算取
代；同时设计师可以向设计模型植入更加丰富的生成逻辑。无论在建模速度
还是在模型质量上照传统工作模式相比，都有较大幅度的提升。Grasshopper
最大的价值在于它是以自己独特的方式完整记录起始模型［一个点或一个电

池（Battery）]和最终模型的建模过程，从而达到通过简单改变起始模型或相关变量就能改变模型最终形态的效果。当方案的逻辑与建模过程联系起来时，Grasshopper可以通过参数的调整直接改变模型形态。通过改变相应的参数，Grasshopper就会在极短的时间内呈现出多种方案的可能性，设计者可以根据自己的需要在这些方案中进行筛选，极大地提高了设计师的工作效率。由于Grasshopper是以图形的形式展示模型的生成过程，具有高度的可视化。

3D Max软件是基于Polygon多边形建模原理，由Discreet公司开发的（后被Autodesk公司合并）基于PC系统的三维动画渲染和制作软件，其前身是基于DOS操作系统的3D Studio系列软件。Polygon建模过程可以简单总结为首先创建一个可编辑的简单多边形对象，然后通过对该多边形对象的各种子对象进行编辑和修改来实现建模的过程。在Windows NT出现以前，工业级的CG制作被SGI图形工作站所垄断，3D Studio Max与Windows NT组合的出现一下子降低了CG制作的门槛，首先开始运用在电脑游戏中的动画制作，后更进一步开始参与影视片的特效制作。目前被广泛应用于广告、影视、工业设计、建筑设计、三维动画、多媒体制作、游戏、辅助教学以及工程可视化等领域。

3D Max软件一般用于产品概念设计，除了拥有建模、动画模块功能外，还可以使用VRAY渲染器插件制作逼真的效果图，主要用于渲染一些特殊的效果，例如次表面散射、光迹追踪、焦散、全局

图1-24　VRAY渲染出拉丝铝合金的效果

照明等。VRAY 是一种结合了光线跟踪和光能传递的渲染器，其真实的光线计算创建专业的照明效果，能为从事可视化工作的专业人员提供的一套可以创造极高艺术效果的解决方案，它能够渲染出极具真实感的图像。

Keyshot 是另外一款效果图渲染插件，它是一个互动性的光线追踪与全域光渲染程序，无需复杂的设定即可产生相片般真实的 3D 渲染影像。在它与三维建模软件之间直接建立连接，通过添加菜单按钮到三维软件，将3D 数据和其他模型信息转移到 Keyshot 中，例如 3D Max、Pro/E、Rhino、Solidworks、Maya 等软件，都可以实现数据的无损转换。同效果图软件相比，Keyshot 有以下几方面优势：

1. Keyshot 用户界面简单却不失强大，它具备所有必要的选项，帮助实现先进的可视化效果，让工作畅通无阻。

2. Keyshot 运行快速，无论是在笔记本电脑上，还是在拥有多个中央处理器的网络服务器上，它都能抓住所有可用的核心。

3. 在 Keyshot 里，所有操作都实时进行，其使用独特的渲染技术，让材料、灯光和相机的所有变化显而易见。

4. Keyshot 用户只需将数据和指定材料拖放到模型上，导入信息，调整灯光，然后移动相机，就能创建 3D 模型的逼真图像。

5. Keyshot 是 3D 数据最精确的渲染解决方案，以先进的技术算法、全局光照领域的研究和 Luxion 内部研究为基础而开发的。

6. 从静止图像与动画到交互式网页与移动端内容，Keyshot 总能创造高质量的视觉效果，满足用户所有的可视化需求。

Maya 软件目前是世界顶级的三维动画软件，主要应用对象涵盖了专业的影视、广告、角色动画、电影特技等，是特别为影视应用开发的软件。它功能完善、工作灵活、易学易用、制作效率极高，渲染真实感极强，是电影级别的高端制作软件。从基础操作到多边形建模、NURBS 建模、细分表面建模，包含道具建模、场景建模、卡通角色、四足动物及人体头像等，Maya

图 1-25　Keyshot 插件渲染出的实景效果

软件集成了 Alias/Wavefront 最先进的动画及数字效果技术。它不仅包括一般三维和视觉效果制作的功能，而且还与最先进的建模、数字化布料模拟、毛发渲染、运动匹配技术相结合起来，用于角色建模。

同 3D Max 中端软件相比，Maya 是相对较为高端，易学易用，但在遇到一些高级要求时（如角色动画 / 运动学模拟），Maya 略胜一筹，但 3D Max 的工作方向主要是面向建筑动画，建筑漫游及室内设计。Maya 的用户界面也比 3D Max 人性化，它是 Alias/Wavefront（2003 年 7 月更名为 Alias）公司的产品，作为三维动画软件的后起之秀，深受业界欢迎和钟爱。

Maya 软件应用主要是动画片制作、电影制作、电视栏目包装、电视广告、游戏动画制作等。3D Max 软件应用主要是动画片制作、游戏动画制作、建筑效果图、建筑动画等；而 Maya 的基础层次、专业要求更高，3D Max 则较容易上手。

此外，Maya 中的 CG 功能十分全面，建模、粒子系统、毛发生成、植物创建、衣料仿真等等，从建模到动画，到速度，Maya 都非常出色。

图 1-27　Maya 中的 CG 插画效果

工程设计类软件是基于实体造型技术，主要面向制造，用于工业建模，可以用来做机械设计、结构设计、参数化设计、虚拟分析等用途，这类软件主要有 Solidworks、UG、Alias、CATIA、Pro/Engineer 等等。这类软件造型能力比较匮乏，建模方式所受约束严谨，误操作造成软件报错较效果图软件更多，不适合工业设计师用来做外观造型设计，但它们在软件内都提供了对产品的完整的几何定义，可以随时提取所需要的信息，支持 CAD/CAM 过程的任何一个方面，如计算机绘图、应力分析、热流计算，数控加工等等。工程设计类软件的另一个重要特点是允许设计师直接在三维空间进行产品的设计、修改和观察，从而使设计过程变得直观、简单、高效。

Pro/Engineer 以其参数化、基于特征、全相关等新概念闻名于 CAD 界，其曲面造型集中在 Pro/SURFACE 模块。其曲面的生成、编辑能力覆盖了曲面造型中的主要问题，主要用于构造表面模型、实体模型，并且可以在实体上生成任意凹下或凸起物等。尤其是可以将特殊的曲面造型实例作为一种特征加入特征库中。Pro/Engineer 自带的特征库就含有如下特征：复杂拱形表面、三维扫描外形、复杂的非平行或旋转混合、混合 / 扫描、管道，等等；该软件的曲面处理仅适合于通用的机械设计中较常见的曲面造型问题。

Pro/Engineer 软件是第一个提出了参数化设计的概念，这种参数化设计的方式相对于产品设计而言，就是把待设计的产品看成是几何模型，而无论多么复杂的几何模型，都可以分解成有限数量的构成特征。每一种构成特征，都可以用有限的参数完全约束，但无法在零件模块下隐藏实体特征。Pro/Engineer 采用了单一数据库来解决特征的相关性问题，也就是它是建立在统一基层上的数据库上，不像一些传统的 CAD/CAM 系统建立在多个数据库上。所谓单一数据库，就是工程中的资料全部来自一个库，使得每一个独立用户在为一件产品造型而工作。换言之，产品零件模型、装配模型、制造模型及工程图之间是完全相关的，也就是说，工程图的尺寸被更改后，零件模型的尺寸也会相应变更；反之，零件、装配或制造模型在整个设计过程的任何一处发生改动，也可以在其相应的工程图纸上反映出来，可以前后反映在整个设计过程的相关环节上。例如，一旦工程详图有改变，NC（数控）工具路径也会自动更新；装配图如有任何变动，也完全同样反映在整个三维模型上。这种独特的数据结构与工程设计的完整的结合，使得一件产品有机地结合起来。这一优点，使得设计更优化，成品质量更高，产品设计效率更高，有助于新产品更好地推向市场，降低销售价格。

Pro/Engineer 还采用了模块化设计方式，用户可以根据自身的需要进行选择，而不必安装所有模块。这种模块的方式，可以分别进行草图绘制、零件制作、装配设计、钣金设计、加工处理等，保证用户可以按照自己的需要进行选择使用。

Pro/Engineer 采用了基于特征的实体模型化系统，设计师采用具有智能特性的基于特征的功能去生成模型，如腔、壳、倒角及圆角，都可以随意勾

图 1-28　Pro/Engineer 完成的产品设计表达

画草图，轻易改变模型，这种基于特征的工具特性将给设计师提供前所未有的灵活、简易、便利的操作，能够将设计至生产全过程集成到一起，实现并行工程设计。它不但可以应用于工作站，而且也可以应用到单机上。

　　UG（Unigraphics NX）是美国 Siemens PLM Software 公司出品的一个产品工程解决方案，它为用户的虚拟产品设计及加工工艺过程提供了数字化造型和验证手段，提供了经过实践验证的解决方案。UG 软件源于航空业、汽车业，它是以 Parasolid 几何造型核心为基础，采用基于约束的特征建模和传统的几何建模为一体的复合建模技术。其曲面功能包含于 Freeform Modeling 模块之中，采用了 NURBS、B 样条、Bezier 数学基础，同时保留解析几何实体造型方法，造型能力较强。其曲面建模完全集成在实体建模之中，并可独立生成自由形状形体以备实体设计时使用。而许多曲面建模操作可直接产生或修改实体模型，曲面壳体、实体与定义它们的几何体完全相关。UG 软件实现了面与体的完美集成，可将无厚度曲面壳缝合到实体上，总体上，UG 的实体化曲面处理能力是它的主要特征和优势。

　　UG 具有三个设计层次，即结构设计（Architectural Design）、子系统设计（Subsystem Design）和组件设计（Component Design）。至少在结构和子系统层次上，UG 是用模块方法设计的并且信息隐藏原则被广泛地使用。

UG软件是新一代数字化产品开发系统，它可以通过过程变更来驱动产品革新，它的独特之处是知识管理基础，它使得工程专业人员能够推动革新以创造出更大的利润，把产品制造早期的从概念到生产的过程都集成到一个实现数字化管理和协同的框架中。此外，UG软件还可以通过新一代数字化产品开发系统实现向产品全生命周期管理转型，它包含了企业中应用最广泛的集成应用套件，可以用于产品设计、工程和制造全范围的开发过程，它可以管理生产和系统性能知识，根据已知准则来评审更多的可选设计方案，确认每一设计决策，通过产品开发的技术创新，在持续的成本缩减以及收入和利润的逐渐增加的要求之间取得平衡。

UG的主要功能可用于以下领域：

（1）工业设计。

UG为那些培养创造性和产品技术革新的工业设计和风格提供了强有力的解决方案。利用UG软件建模，工业设计师能够迅速地建立和改进复杂的产品形状，并且使用先进的渲染和可视化工具来最大限度地满足设计概念的审美要求，同时它又面向制造，可以快速、便捷地完成样件或模型制作。

（2）产品设计。

UG包括了世界上最强大、最广泛的产品设计应用模块。它具有高性能的机械设计和制图功能，为制造设计提供了高性能和灵活性，以满足客户设计任何复杂产品的需要。它的表现优于通用的设计工具，具有专业的管路和线路设计系统、钣金模块、专用塑料件设计模块和其他行业设计所需的专业应用程序。

（3）仿真、确认和优化。

UG允许制造商以数字化的方式仿真、确认和优化产品及其开发过程。通过在开发周期中较早地运用数字化仿真性能，制造商可以改善产品质量，同时减少或消除对于物理样机的昂贵耗时的设计、构建，以及对变更周期的依赖。

图 1-29　UG 软件完成的仿真验证与优化

（4）CNC 加工。

UG 软件的加工基础模块提供连接 UG 所有加工模块的基础框架，它为 UG 中的所有加工模块提供一个相同的、界面友好的图形化窗口环境，用户可以在图形预览模式下观测刀具沿轨迹运动的情况并可对其进行图形化修改：例如对刀具轨迹进行延伸、缩短或修改等。该模块同时提供了通用的点位加工编程功能，可用于钻孔、攻丝和镗孔等加工编程。模块的交互界面还可按用户需求进行灵活的用户化修改和剪裁，并可定义标准化刀具库、加工工艺参数样板库使初加工、半精加工、精加工等操作常用参数标准化，以减少使用培训时间并优化加工工艺。UG 软件所有模块都可在实体模型上直接生成加工程序，并保持与实体模型全相关。

UG 软件的加工后置处理模块使用户可方便地建立自己的加工后置处理程序，适用于世界上主流 CNC 机床和加工中心，适用于 2—5 轴或更多轴的铣削加工、2—4 轴的车削加工和电火花线切割，这种直接面向 UG 软件的机加工方式，具有极高的制造效率与灵活度。

（5）模具设计。

UG软件还是较为流行的一种模具设计软件，主要是因为其功能强大。模具设计的流程很多，其中分模就是其中关键的一步。分模有两种：一种是自动的；另一种是手动的，需要设置模具导向。例如，注塑模向导（Mold Wizard）模块提供了整个模具设计流程，包括产

图1-30　使用 UG 软件完成注塑模具设计

品装载、排位布局、分型、模架加载、浇注系统、冷却系统以及工程制图等。整个设计过程非常直观、快捷，它的应用设计让普通设计者也能完成一些中、高难度的模具设计。如果在模具设计阶段导致的无法分模，在 UG 软件中无法自动分模，会有出错提示，也规避了模具开发风险。

Wizard 分模所达不到的，在现场自动分模基本上是行不通，在实际中，通常使用有关命令来提高我们的工作效率。

（6）开发解决方案。

NX 产品开发解决方案完全支持制造商所需的各种工具，可用于管理过程并与扩展的企业共享产品信息。NX 与 UGS PLM 的其他解决方案的完整套件无缝结合。这些对于 CAD、CAM 和 CAE 在可控环境下的协同、产品数据管理、数据转换、数字化实体模型和可视化都是一个补充。

4. 减材制造的步骤

传统的减材加工都是用手工操作普通机床作业的，加工时用手摇动机械刀具切削金属，靠眼睛用卡尺等工具测量产品的精度的。现代工业使用电脑数字化控制的机床进行作业了，数控机床可以按照技术人员事先编好的程序自动对任何产品和零部件直接进行加工，这就是"数控加工"过程。数控加

工广泛应用在所有机械加工的任何领域，更是模具加工的发展趋势，也是重要和必要的技术手段。

CNC（数控机床）是计算机数字控制机床（Computer Numerical Control）的简称，是一种由程序控制的自动化机床。该控制系统能够逻辑地处理具有控制编码或其他符号指令规定的程序，通过计算机将其译码，从而使机床执行规定好了的动作，通过刀具切削将毛坯料加工成半成品成品零件。

通常情况下，在完成前处理后便可进入减材制造加工步骤，下面将以使用加工中心（CNC）为例，完成产品的减材制造过程，其步骤如下所示：

（1）经过手绘方案筛选，完成计算机辅助设计，获取数据模型。

课使用造型设计软件例如 Rhino 犀牛软件、3D Max、Alias、Blender 等进行计算机辅助设计，得到计算机数据模型，电脑中的数字化模型，这就是 CNC 减材加工的依据。

图中我们看到的就是设计完成的智能开关数字化模型，它的造型特征是由多个形态不同的几何体组合而成，这些几何特征适合 CNC 机加工减材成型加工。

（2）完成数据转换。

在这个阶段，需要将数据模型转换成 CNC 加工中心可识别的机器码，不同的特征机加工的刀头与路径不同，由于切削的材料也不同，因此对关键工艺，需要人为进行设定。

图 1-31 中我们看到的

图 1-31 使用 Rhino 造型软件完成的智能开关设计

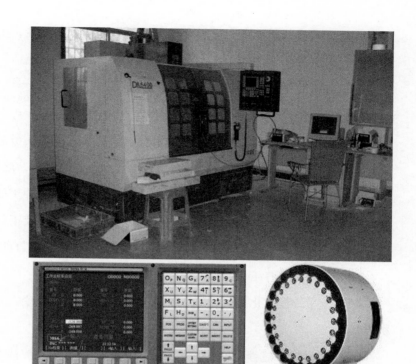

图1-32　CNC加工中心、程序控制单元与刀具库

就是 CNC 加工中心和它的控制单元，加工中心同普通加工相比，最明显的区别就是效率高，这是因为前者具有一个铣刀库，它可以实现在加工过程中自动换刀、自动对刀的过程。只要待加工材料一次固定好后，数控系统能控制机床按不同的工序自动选择和更换刀具；自动改变机床主轴转速、进给量和刀具相对工件的运动轨迹及其他辅助功能，连续地对工件各加工面自动地进行钻孔、锪孔、铰孔、镗孔、攻螺纹、铣削等多工序加工。加工中心就能自动地完成各面的所有加工工序，而普通加工则没有这个功能。

与普通加工相比，加工中心具有如下特点：

①加工精度高，具有较高的加工质量；

②可进行多坐标的联动，能加工形状相对复杂的零件；

③加工零件改变时，一般只需要更改数控程序，可节省生产准备时间；

④机床本身的精度高、刚性大，可选择有利的加工用量，生产率高（一般为普通机床的 3—5 倍）；

⑤机床自动化程度高，可以减轻劳动强度；

⑥批量化生产，产品质量容易控制。

同时，加工中心对操作人员的技术要求较高，对维护人员的技术要求较高；加工路线不易控制，不像普通机床那么直观；不便维修，配件更换烦琐；工艺不易控制。但由于加工中心能集中地、自动地完成多种工序，避免了人为的操作误差、减少了工件装夹、测量和机床的调整时间及工件周转、搬运和存放时间，大大提高了加工效率和加工精度，所以具有良好的经济效益。

（3）CNC 加工中心铣削加工。

把整理好的程式化语言，输入加工中心，执行程式命令，完成机加工减材成型。

CNC 减材加工过程是一种数字控制加工的方法，用数控技术实施加工控制的机床，也可以说是装备了数控系统的机床称为数控机床。数控系统包括：数控装置、可编程控制器、主轴驱动器及进给装置等部分，它是机、电、液、气、光高度一体化的母机。要实现对机床的控制，需要用几何信息描述刀具和工件间的相对运动以及用工艺信息来描述机床加工必须具备的一些工艺参数。例如，进给速度、主轴转速、主轴正反转、换刀、冷却液的开关等。这些信息按一定的格式完成数据转换，形成加工文件（即正常说的数控加工程序）存放在信息载体上（如 U 盘、SIM 卡等），然后由机床上的数控系统读

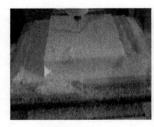

图 1-33　使用 ABS 材料完成减材机加工成型

入（或直接通过数控系统的键盘输入，或通过通信方式输入），通过对其译码，从而使机床动作并开始加工零件。

现代数控机床是机电一体化的典型用于加工的工作母机，是新一代生产技术、计算机集成制造系统等的技术基础。现代数控机床的发展趋向是高速化、高精度化、高可靠性、多功能、复合化、智能化和开放式结构，其主要发展动向是研制开发软、硬件都具有开放式结构的智能化全功能通用数控装置。数控技术是机加工自动化的基础，是数控机床的核心技术，其水平高低关系到国家战略地位和体现国家综合实力的水平。它随着信息技术、微电子技术、自动化技术和检测技术的发展而发展。

CNC减材加工过程是一个密闭的自动过程，必须关闭防护门，不得把头、手伸入防护门内，加工过程中不允许打开防护门；不得在加工中心工作时，触碰控制面板、触摸显示屏，容易造成突然停车等意外发生；不得用手接触刀尖和铣屑，必须要用专用清理工具进行清理，有时温度较高，造成烫伤；在程序运行时，如果需要测量加工尺寸时，要等加工中心完全停止、主轴停转后方可进行测量，以免发生人身事故。

（4）完成装配。

加工后的模型零部件经过手工处理后（如清除毛边、粘接等），对于多次加工获得的模型部件，需要进行最后的装配工作，完成完整的外观模型、结构模型的制作。

图1-34中的智能开关由于是制作外观模型，所以它只制作了前后两部分，只要卡扣在一起就可以完成制作的任务了。

这张打蛋器手板结构模型，制作了所有的外观零部件，需要进行仔细地装配组合，并认

图1-34 经过减材加工的
智能开关外观模型

图1-35 经过减材加工的智能开关外观模型

真检查、校验不同的部件之间的装配情况。这个模型制作的目的之一，就是验证装配结构设计的合理性，而不只是外观造型设计。

三 现代增材制造

产品造型的成型方法，以陶瓷坯体成型为例，需要将制备好的坯料制成规定的尺寸和形状并具有一定机械强度的生坯。目前使用较为普遍的方法有轮制成型、模制成型、手工捏塑、泥条盘筑等，这些方法基本实现了传统陶瓷产品的成型问题，满足了一定的使用功能。

1. 传统成型方法

（1）轮制成型。

传统陶瓷手工业中，将练制过的泥料直接放在辘轳车上，经过揉泥定位、把正、拔柱，再经过开孔、立坯、造型调整、修饰口沿、取坯等步骤，利用手法的屈伸把泥坯拉制成不同形状，进而形成具有一定审美与实用功能的坯体的过程，这类造型大多由旋转而得到的"圆器"，它们大都同心圆状，如碗、盘、碟、杯、盏、洗等。

图 1-36　手工拉坯成型

轮制成型早期使用结构简单、转动很慢的轮盘（慢轮）辅助成型，提高了劳动效率，为轮制技术的发展奠定了基础。同时，这种慢轮也可以用来修坯和装饰花纹，使用慢轮修整的坯体往往遗留有局部轮纹。此外，还可以使用快轮成型，这种方法比手工和慢轮结合的成型的效率有大幅度提升，器型较为规整，厚薄均匀，可以制作器壁很薄的器物，而且全面提升了陶瓷器的质量与产量。

图 1-37　慢轮成型并装饰的陶器

　　现代陶瓷生产则以拉坯机替代较为简易的辘轳车，由磁控开关电力驱动取代靠惯性旋转来控制转速，

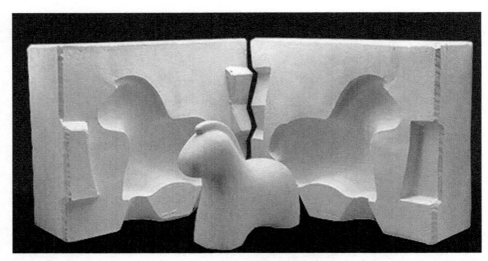

图 1-38 注浆用石膏模具成型

（2）模具成型。

使用模具制坯也是陶瓷产品成型的常用方法。传统陶瓷产品造型的制作为提高效率也采用了先制模种，再制作石膏模具的方法。例如，对于陶瓷浆料，可使用注浆石膏模具；对于可塑性好的泥料，则可用印坯模具石膏成型。之所以采用石膏作为模具，是充分利用了其吸水性特征，有助于坯体固化。

注浆模具成型过程是将瓷泥或陶泥制成泥浆，然后将其注入石膏模具，利用石膏模具的亲水属性，将浆料中的液体吸出，而在石膏模具内留下坯体，再经过开模，取出坯体，修坯即可成型。它适用于制造大型的、批量的、形状复杂的、薄壁产品；成型技术容易掌握，生产成本较低。但劳动强度较大，操作工序多；石膏模具损耗较大；注浆获得的坯体含水量较大，密度小，收缩率高，在烧成时容易发生变形；不适合连续化、自动化的生产。

注浆模具成型过程包括泥浆制备、模具制作、修整模具母模、浆料注入吸浆、回浆和脱模等步骤。泥浆制备是关键工序，它不但要具有良好的流动性、足够小的粘度，而且要具有良好的悬浮性，具备足够的稳定性，不能含有气泡。注浆模具需要经过制作模种（应依据表现创意的设计图纸完成）、确认分块（复杂造型可设计套模或多个模具）、分片制作母模并修整（注意分型线的工整度）等步骤，即可以获得注浆模具。在使用注浆模具成型前，应确保母模干透、内壁洁净，并用橡皮筋扎紧模具，使其相互卡扣限位，不可晃动。将制备好的陶瓷泥浆注满石膏模具，静置并观察坯体边缘厚度，达到要求后倒出泥浆，待薄壁坯体成型稳定后，即可开模修坯，进而获得完整的坯体造型。

▲ 再将模具内多余泥浆倒回泥浆桶内，倒完泥浆后最好将模具倒置，确保坯体内多余泥浆倒出，避免底部回浆。

▲ 将牛筋绷带拆除，模具平放好。轻轻打开模具，观察模具与泥坯的分离情况，可轻敲模具使泥坯充分与模具脱离。

▲ 作品半干的时候，用小刀或者刮片工具去除注浆口，再将泥坯上的合缝线刮除，最后可使用小海绵轻轻擦拭平整。

图 1-39　注浆成型过程

在制作具有一定强度尺寸较大的产品时，采用印坯工艺。印坯模具成型工艺相对于注浆成型较为简单，它的制作是将指定大小的泥片放入石膏模具中，用手指逐渐压紧以赶出气泡，是泥片与模具紧密贴合，贴印出形状或装饰，待清除多余泥片后静置等待石膏吸出泥片中的水分；以相同的方法制作造型的其余部分。石膏模具内便已经具有形状的泥片逐渐硬化并脱离模具时，即可开模。开模后的泥坯经过粘接与修正，获得完整的泥坯造型。经过长时间印坯的模具，需要干燥后才能继续使用。

印坯多用于体量较大的陶瓷雕塑成型，通常将雕塑分段切割后翻模并印

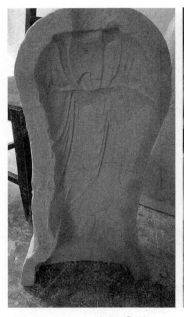

图 1-40　印坯成型

制出多个部位，后拼接成型，以竹质
工具精修。

（3）手工塑形。

将泥料用手捏塑成型的方法，在
新石器时代早期即已出现，例如仰韶
文化的小件器物，就是直接用手捏成。
这种方法出现后一直沿用，例如三国
两晋南北朝时期的青瓷冥器猪栏、羊
圈等，唐代长沙窑和宋、金磁州窑的
瓷塑玩具等都是使用的捏塑成型方法。
这种方法适用于制作比较小、对工艺
要求不太精的器物。器壁上往往留有

图 1-41　印坯成型的陶瓷雕塑坯体

指纹，器形也不大规整。

传统陶瓷成型过程中，将不能只用辘轳车，还需要多种工序或进一步加工成型的器物称之为琢器，它区别于盘、碗、碟之类圆器。琢器可以使用拉坯成型，也可以分段制作粘接成型。此类器物既有生活用瓷，又有陈设艺术瓷，制作难度大，要求工匠有较高的技巧，常见的琢器有方形、圆形、扁形、多角形或雕塑的器物，如尊、罐、壶等器件。

镶器属于琢器的一种，它是不只依靠辘轳车进行拉坯成型和修坯成型，而是需要多种工艺或进一步以手工加工成型的器物。镶器的基本特征是以板块形式镶围而成，比较常见的有方形、扁形、棱角形等异形器物。镶器的立体效果明显，景德镇俗语"十圆不如一方"，说明镶器成型困难，上下、左右、前后、口底的粘接制作难度大，容易出现器壁不光滑、厚薄不均匀、胎体缺陷等问题，造成放置不平稳、变形歪斜。

镶器的制作步骤分为压片、刮板、刨平、镶接。压片是将泥料拍打成薄片；刮板是用直尺将泥板刮平；刨平是泥板干至一

图 1-42　南昌县博物馆馆藏的青釉双鸡陶瓷捏塑（西晋）

图 1-43　白釉鸡冠壶

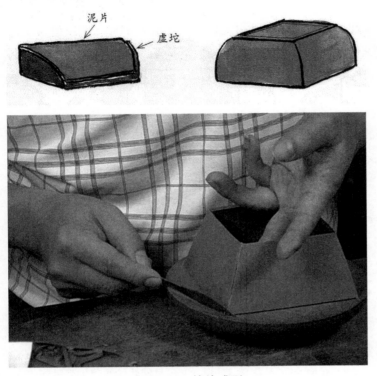

图 1-44　镶接成型

定程度之后，以刨刀将板刨平，干至一定程度之后，以泥浆粘接成所需的器型；最后将表面加以修整成器。

（4）泥条盘筑。

在漫长的陶瓷成型工艺发展过程中，盘泥条技法是人们长期以来制作陶瓷过程中逐渐形成的最简单的一种技巧。它可以分为泥条圈筑法和泥条盘筑法，即将坯泥制成圈状层层相叠，或用一根长泥条从下向上螺旋式盘筑，再将里外抹平，制成器形。我国有些少数民族地区至今还采用这种方法制作陶器，用这种方法制成的器物，内壁往往留有泥条盘筑或圈筑的痕迹，如仰韶文化的小口尖底瓶内壁所留痕迹最为明显。

在泥条盘筑时，首先需要制底。选择好一块泥，大小以所需为准，并在桌子上铺一张麻布，将泥放置上面，运用手掌或者拳头大力将其捶打成饼的形状，目的是让泥中的气泡很好的排出来；然后用擀面杖将拍好的泥擀成厚度约1厘米的均匀薄片，并确保泥片表面无隆起的气泡鼓包；在擀好的泥片上，用刀子裁出底型，把多余的泥片回收，再用刀子将泥片的四周靠近边缘处"打毛"，就是划出均匀的斜十字纹，厚度以泥条的宽度为主，深度以表面呈

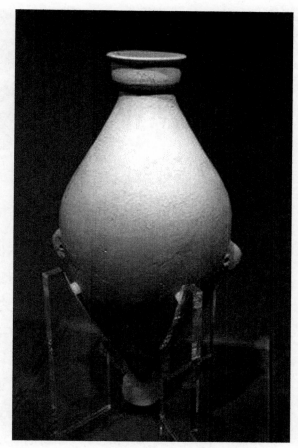

图 1-45 小口尖底瓶

现粗糙为准，以便粘接时增大摩擦力，能够粘接得更牢固；做好后，把底型放在一旁备用。其次，重新取一块泥，将泥在手中来回搓压成大小一致的泥条。在搓的过程中注意依靠十指中间位置，把十指展开后，反复来回搓滚，如果泥很干的话，可以考虑放一块较湿的麻布再进行搓，注意将搓好的泥条盖上塑料布保湿。最后，使用一小块泥加水调成黏稠的泥浆，将之前做好的底面拿来，用毛笔蘸泥浆均匀地把底面打毛的部分涂抹上泥浆，再拿一根搓好的泥条放在泥浆上面，沿底部边缘用手均匀压按，使泥条与底部粘接牢固。泥条粘接围合成一圈后，可以把泥条剪断，也可以继续向上盘，注意泥条之

图 1-46　泥条盘筑的步骤

间也要涂上泥浆，以加固造型。

泥条盘筑是陶瓷成型的常用手段，一般不保留泥条裸露的条纹。有时也利用泥条的塑性有意让泥条具有粗细变化，盘筑后形成疏密的、韵律的美感。它适用于各种形态的塑造，具有古朴、流畅、富于变化的特点。

传统手工制作的陶瓷，不论时代早晚、地域差别，其共同点是器物造型不规范，器壁厚薄不匀，有的留有手制痕迹，如指纹、泥条盘旋痕等，这种制作方式效率较低下，而且不能保持产品的一致性。

本质上看，泥条盘筑就是一种"增材成型"，按照设计预想图，由下至上以泥条逐层堆积成预设造型，这种成型的原理也同样符合工业生产中增材制造产品成型的特性，通过材料的堆积，最终实现成型。

2. 现代增材成型方法

增材制造（Additive Manufacturing，AM）也称 3D 打印，它是融合了计算机辅助设计、材料加工与成型技术、以数字模型文件为基础，通过软件与数控系统将专用的金属材料、非金属材料以及医用生物材料，按照挤压、烧结、熔融、光固化、喷射等方式逐层堆积，制造出实体物品的制造技术。

相对于传统的、对原材料去除——切削、组装的加工模式不同，它是一种"自下而上"通过材料累加的制造方法，从无到有。这使得过去受到传统制造方式的约束，而无法实现的复杂结构件制造变为可能。

图 1-47　数字模型驱动的增材成型方法

增材制造技术是指基于离散——堆积原理，由零件三维数据驱动直接制造零件的科学技术体系。常用的成型材料有 PLA、聚乙烯、树脂、金属、泥料、木材等。

1. 增材制造的特点

（1）它改变了产品的传统制造方式，用 CAD 数据模型直接驱动实现设计与制造的高度一体化，其直观性和易改性为产品的完美设计提供了优良的设计环境。

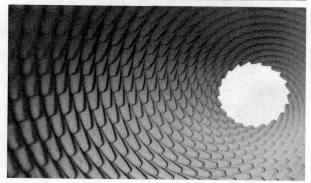

图 1-48　以陶土为原料使用增材制造技术制得的艺术品

（2）增材制造可以制作任意复杂形状的三维实体模型，充分体现设计细节，尺寸和形状精度大幅提高，零件不需要进一步加工。例如在制造飞机机身造型时，传统需要经

图 1-49　数字化数字模型为实现现代增
材制造提供了前提

图 1-50　飞机钛合金大型整体关键构件
采用激光烧结成型技术，增材成型

过长时间的投入，并且以水压成型设备成型，但使用3D打印增材直接成型时，零件的成型速度和应用速度得以大幅度提升。这种飞机机身钛合金大型构件是以激光烧结钛金粉末技术方式，几乎可以生产任何形状，而且打印出的产品具有极高的力学性能，满足多种用途。

（3）成型加工过程不需要工装模具的投入，直接从数据模型制造，不需要经过模具阶段，既节省了费用，又缩短了制作周期。传统产品成型中模具开发费用耗费巨大，少则数十万元、多则几百万元，使用增材成型技术，则可以直接生产出产品，不但免除了模具制造，还解决了减材加工过程中可能遇到的刀具、夹具等生产工艺难题，提高生产效率。此外，还可以克服传统制造中无法达成的设计，进而制作出复杂造型的新产品。

（4）成型全过程的快速性适合现代激烈的产品市场。采用传统成型方式以小米手机背板的制造为例，需要经过40道制程193道工序，经过铣削、锻压成型的工艺，8次CNC数控机床加工打磨而成，制作烦琐，工艺难度大，存在品质控制风险；若采用增材成型，金属粉末逐渐累加，一方面减少了减材过程中的材料损耗；另一方面也提升了加工效率，缩短原材料制备周期。

（5）这种增材成型方式是一种绿色设计新理念，它减少了材料浪费与能源付出。以飞机制造中的钛合金大型整体构件机加工为例，在加工过程中，需要对锻造毛坯件进行铣削加工，切除率高达 90%，而钛合金碎屑不易回收处理再利用。此外，增材成型可以使具有创意的想法短时变为产品，适合文创产品的个性化设计与定制。相比传统减材成型，增材成型技术贯穿于产品全生命周期，促进了产品设计仿真制造过程的集成和协同，简化了制造流程，优化了成型质量，强化了设计与技术之间的互动，提高了企业柔性生产能力和市场竞争能力。

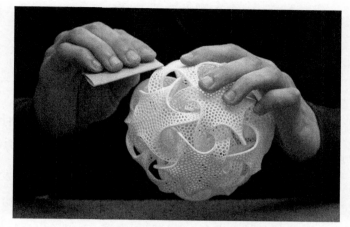

图 1-51 增材成型制造出的复杂造型创意产品

图 1-52 小米手机背板采用 CNC 减材加工制造过程

图 1-53 增材制造与创意产品设计

四　增材制造的应用领域

1. 航空航天领域

首先，增材制造解决了设计难题，避免昂贵、耗时的加工和生产。金属 3D 打印技术可以让高性能金属零部件，尤其是高性能大结构件的制造流程大为缩短，无须研发零件制造过程中使用模具，这将极大地缩短产品研发制造周期，我国就应用金属 3D 打印技术制造出国产飞机 C919 上的中央翼缘条零件，该结构件长 3 米多，是国际上金属 3D 打印出最长的航空结构件。其次，航空航天制造领域大多都是在使用价格昂贵的战略材料，如钛合金、镍基高温合金等难加工的金属材料，传统制造方法对材料的使用率低，例如长征五号运载火箭的主承力构件——钛合金芯级捆绑支座就采用了 3D 打印技术精准制造，不仅强度更高，加工速度更快，重量也比原来的高强钢设计减少 30%。最后，3D 打印还能优化零部件结构，减少装配，减少应力集中，增加航天器的使用寿命。对于航空航天武器装备而言，减重是其永恒不变的主题，3D 打印技术不仅可以实现增加飞行装备在飞行过程中的灵活度，而且增加载重量，而且可以节省燃油，降低飞行成本。

2. 汽车设计领域

使用 3D 打印技术可以在数小时或数天内制作出概念模型，由于其快速成型特性，汽车厂商可以应用于汽车外形设计的研发，释放设计师和制造商的想象力。

如图，这是一款火星建筑用车的概念设计模型，它由三个部分构成，前端设计有一个六自由度的打印头，车身上有两个搅拌罐，用于将火星土壤与粘合剂搅拌成打印材料，尾部有一个铲子用于从火星表面采集土壤。3D 打印车智能化无人操作，自动打印火星建筑。

图 1-54　增材制造技术被广泛应用于太空工程车辆的概念设计中

　　此外，汽车设计在 3D 打印领域的应用从简单的概念模型到功能型原型朝着更多的功能部件方向发展，渗透到发动机等核心零部件领域的设计，汽车的覆盖件模具、内饰件、发动机、汽缸头等等都可以运用到此技术，可以说，3D 打印在造型评审、设计验证、复杂结构零件、多材料复合零件、轻量化结构零件、定制专用工装、售后个性换装件等方面的应用逐渐被越来越多的汽车厂家采用。

　　例如，欧洲赛车队就应用 3D 打印技术改善他们赛车的发动机性能。这个项目由位于加利福尼亚的圣克拉拉的 FIT Technology Group 技术部门来完成的，FIT 通过 SLM 选择性激光融化增材制造技术来制造出新的发动机汽缸盖。通过选择性激光熔化方案显著提高气缸盖的表面散热面积，减少振动和重量。经过缜密实验与计算，这减少了 66% 的汽缸盖重量，从 5095 克减少到 1755 克，并且体积也从 1887 立方厘米减少到 650 立方厘米。而汽缸盖的表面面积从 823 平方厘米增加到 6052 平方厘米，主要是通过晶格结构带来的复杂的组织相比，这带来了更有效的冷却性能，冷却性能的改善对赛车性能

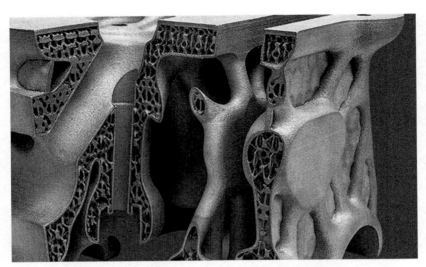

图 1-55　经过优化并 3D 打印成型的赛车发动机缸体

图 1-56　3D 打印灯具"盛唐"

的全面提升至关重要。

3. 消费品设计领域

在未来不管是个性化笔筒，还是印有半身浮雕的手机外壳，抑或是与爱人拥有的世界上独一无二的戒指，都有可能是通过 3D 打印机打印出来的，甚至不用等到未来，现在就可以实现。3D 打印技术缩短了设计周期，提升消费产品的竞争力，满足了客户的私密化、个性化定制等需求。例如更贴合的专属运动鞋、耳机、眼镜，又或者是饰品、服装，等等。

4. 医疗器械领域

　　3D 打印技术在医疗器械领域的应用主要是通过打印器官模型的方式达到辅助治疗的效果。3D 打印植入物的范围包括颅骨、臀股、膝盖和脊柱等，数据显示，仅在 2014 年，北美市场就生产了超过 10 万个髋关节植入物，并有大约 5 万个已经应用到病人身上。知名市场研究机构 Markets Europe 对外发布了 2018 年全球 3D 打印医疗器械市场研究报告，报告预测，3D 打印医疗设备市场在 2018 年至 2022 年期间以显著的年复合增长率增长，3D 打印技术将在医疗器械行业中树立卓越的地位。此外，3D 打印医学用模型还用于医学教学、病例讨论等方面。

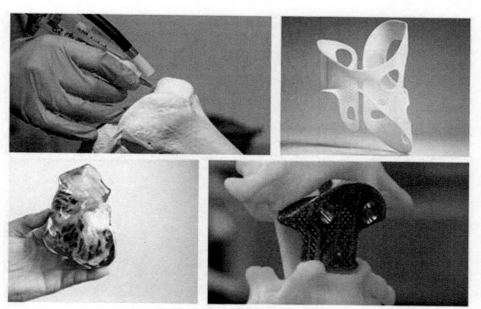

图 1-57　3D 打印在医疗领域里的应用

随着 3D 打印技术的发展和精准化、个性化医疗需求的增长，3D 打印技术在医疗行业应用在广度和深度方面都将得到显著发展。在假肢和组织器官等方面，3D 打印可以根据患者的真实成像数据，为其提供精准化定制方案，有助于提高手术成功率和医疗效果。

5. 教育领域

近些年，国内有越来越多的学校，甚至国家单位开始探索新兴技术在教育领域中的应用，3D 打印技术首当其冲。很多学校摸索着创新教学模式，把 3D 打印系统与教学体系相整合。一方面 3D 打印机可以提高学生在掌握技术方面的优势，提高学生的科技素养；另一方面利用 3D 打印机打印出来的立体模型，显著提高学生的设计创造能力。3D 打印进入课堂，可以使学生们能够更加真实、深刻的接触常规教学中难以展现的物体或者概念。在有触感的学习中，学生不再仅仅依靠黑板或显示器上简单的文字或图形来凭空想象，而是通过触觉来感受核心概念的三维模型，这样能够帮助学生吸收和消化知识，

图 1-58　桌面级打印机促进了教学应用

同时，也可以锻炼学生们强大的想象力和动手能力。正是如此，3D 打印课程一直受到很多国家的认可。

更为重要的一点，现在出产的 3D 打印机无论是在操作上、性能上、还是在质量上，跟前些年的机器不可同日而语。用于消费的桌面级 3D 打印机，已经达到了非常智能人性化的程度，只需要将打印机可识别的数据文件拷贝到 SD 卡中，操控打印机选中相应的文件，点击"开始打印"就可以实现，这对于今天广泛接触各种电子产品的青少年学生来讲，丝毫没有操作上的任何困难。

6. 文化艺术领域

3D 打印技术目前已经初步应用于工业创意产品设计、影视动漫、休闲旅游文化产品设计、数字出版等行业，尤其对文化创意产业产生了较大影响。随着科技的进步和互联网的日益普及，3D 打印技术将越来越成为 DIY 制作过程的工具，几乎人人都是设计师或制造家，制造者与消费者之间的界限将会变得越来越模糊。3D 打印不但带给了普通人以制造的能力，释放了个体使用者的创新冲动，改变了过去发明创造只是少数人的特权，实现了普通人个性化的设计思维与表达需求，真正做到了全民创意与全民创造。3D 打印使这种群体性智慧得以最大限度的发挥和利用，将促使文化创意产品的创意设计表达呈现更加多元化、大众化、自由化的特征。

图 1-59 中是荷兰 3D 打印专家制作完成的陶瓷杯子，一共制作 1200 个，耗时 6 周时间，平均每个杯子只需 20 分钟即可成型，效率很高。

3D 打印技术能够为独一无二的文物和艺术品建立一个真实准确完整的三维数字档案，给艺术领域的艺术家们带来了更为广阔的创作空间，在文物和高端艺术品的复制、修复，衍生品开发方面的作用非常明显，用 3D 打印技术可以随时随地并且高保真的把这个数字模型再现为实物。例如，3D 打印能复制世界名画，这种复制品本身也成了艺术品，供人欣赏讨论。这项技术大

图 1-59　陶瓷 3D 打印制作完成的杯子

图 1-60　使用 3D 打印与扫描技术制作的恐龙骨骼，使科学家重建了恐龙骨架

大缩短了产品的研发周期，新产品投入成本减少，小型创新企业将获得生存空间，改变了传统制造过程中的耗能与环境污染等问题。与此同时，3D 打印技术还带来了大量的跨界整合和创造的机遇。

图 1-60 使用 3D 打印与扫描技术制作的恐龙骨骼，使科学家重建了恐龙

图 1-61　使用 3D 打印模具，制成的可生物降解杯子

骨架。

　　3D 打印技术还取代了传统的手工制模工艺，在作品精细度、制造效率方面都带来了极大地改善和提高，对于有实物样板的作品在编辑、放大、缩小、原样复制等方面都能够更加直接准确，高效地实现小批量的生产，促进文化的传播和交流。

　　从传统意义上来说，物品形状越复杂，制造的成本就相应的随之增高，这对企业来说无疑是一笔不菲的支出。但是随着 3D 打印机的普遍应用，物品的复杂度将不再与成本形成正比关系。不管制造的物品形状有多复杂，3D 打印机都能够轻松解决，并且不增加成本，3D 打印复杂的物品和打印一个简单的物品并不存在任何关系，3D 打印的费用只是按照材料成本和时间成本以及机器损耗成本进行计算的。因此，3D 打印的出现改变了传统意义上的定价方式以及计算制造成本的方式。3D 打印是一体成型的全新的制造方式，传统的大规模生产是建立在一条生产线上，需要人工组装。产品的部件越多，所花费的时间成本和人力成本就越高，而 3D 打印则不需要去组装，它有效地缩短了供应链，节省了在劳动力和运输方面的成本。与此同时，供应链越短，能耗越低，污染也越少。3D 打印还减少了企业的库存风险，企业可以按照客户的需求进行生产；企业也可以根据用户的需求，实行就近法则，最大限度地减少运输成本。

由于受传统制造技术的影响，很多极具创意的设计不能呈现在大众视野中，这在一定的基础上限制了设计师的设计创新。例如，传统的木制车床只能制造圆形物品，轧机只能加工用铣刀组装的部件，制模机仅能制造模铸形状。但是现在，3D 打印机可以突破这些局限，开辟巨大的设计空间，甚至可以制作目前可能只存在于自然界的形状，这为设计师打开了设计创新的物质条件。

第二部分

陶瓷3D打印的技术基础：增材制造类型

　　增材成型是一种创新技术，它可以在几个小时内利用三维 CAD 设计的图形直接生产出复杂零件。自从 1988 年第一台快速成型系统出现以后，超过 20 种以上的系统被开发，每一种系统都有一些细小的差别。最初，这些系统应用于汽车和航空领域，之后在许多其他的领域，例如玩具、电脑、珠宝及医药等领域都得到了应用推广。

　　增材成型根据原理和成型材料的不同，主要分为以下 5 种类型。

一　SLA 立体光固化成型

　　立体光固化成型（Stereo Lithography Appearance，SLA）是最早商品化、市场占有率最高的快速成型技术。它是以光敏树脂为原料，计算机控制紫外激光按零件的各分层截面信息在光敏树脂表面进行逐点扫描，利用了光敏树脂的材料特性，即在一定波长和强度的紫外光束照射下可以实现从液态到固态的相变，使被扫描区域的树脂

图 2-1　液态树脂光固化成型方式

薄层产生光聚合反应而固化，形成零件的一个薄层。SLA 是最早实用化的疾速成型技能，选用液态光敏树脂质料，技能原理如图所示，首要通过 CAD 描绘出三维实体模型，运用离散程序将模型进行切片处置，描绘扫描途径，发生的数据将准确操控激光扫描器和升降台的运动；激光光束通过数控设备操控的扫描器，按描绘的扫描途径照射到液态光敏树脂表面，使表面特定区域内的一层树脂固化后，当一层加工结束后，就生成零件的一个截面；然后升降台降低必定间隔，固化层上掩盖另一层液态树脂，再进行第二层扫描，第二固化层牢固地粘结在前一固化层上，这样一层层叠加而成三维工件原型。将原型从树脂中取出后，进行结尾固化，再经打光、电镀、喷漆或上色处置即得到需求的商品。

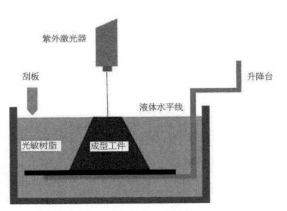

图 2-2　SLA 技术原理示意图

这种成型的产品对贮藏环境有很高的要求，温度过高会熔化。还有高紫外线等等的制约，耗材的价格较高，成型时需要支撑，但是成型的表面质量高、精度高。生产效率较高，运营成本较高，设备费用较贵，材料利用率约 100%，适合医学、电子、汽车、鞋业、消

图 2-3　高跟鞋——SLA 应用案例

费品，娱乐等领域的产品开发。

SLA 成型目前可以以整面的激光照射，效率比单激光束提高许多。

二　LOM 分层实体叠层成型

分层实体层叠成型（Laminated Object Manufacturing, LOM）出现于 1985 年，是比较早的 3D 打印技术之一。首先在基板上铺上一层箔材（如纸张），然后用一定功率的红外激光在计算机的控制下按分层信息切出轮廓，同时将非零件部分按一定的网格形状切成碎片以便去除，加工完一层后，再铺上一层箔材，用热辊碾压，使新铺上的一层在粘接剂的作用下粘在已成型体上，再切割该层的形状，将第一层切割好以后，送料机将会把新一层的纸片材叠加上去，工作台带动已成型的工件下降（通常材料厚度为 0.1mm—0.2mm），与带状片材（料带）分离；供料机构转动收料轴和供料轴，带动料带移动，

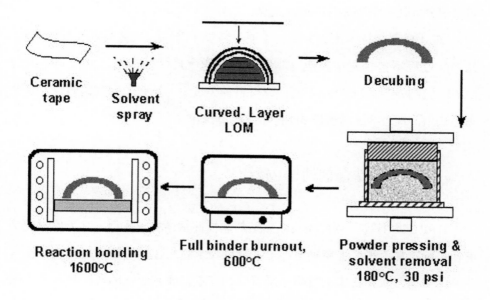

图 2-4　LOM 技术原理示意图

图 2-5　LOM 技术应用案例

使新层移到加工区域；工作台上升到加工平面；铺纸辊轮进行热压，工件的层数增加一层，高度增加一个料厚；如此反复直至加工完毕，最后去除切碎的多余部分，便可得到完整的产品造型。

　　LOM 成型的技术优势主要在于原材料易于获取，工艺成本较低。其次，其加工过程不包含化学反应，非常适合制作大尺寸的产品。但由于传统的 LOM 成型工艺的激光器成本高、原材料种类过少、纸张的强度偏弱且容易受潮等缺点，现已经逐渐退出 3D 打印的历史舞台。

三　3D-P 黏合剂粘结成型

　　3D-P 三维打印是利用喷头喷粘结剂选择性粘结粉末成型。其工作原理是铺粉机构在加工平台上精确地铺上一薄层粉末材料，然后喷墨打印头根据这一层的截面形状在粉末上喷出一层特殊的胶水，喷到胶水的薄层粉末发生固化。然后在这一层上再铺上一层一定厚度的粉末，打印头按截面的形状喷胶水。如此层层叠加，从下到上，直到把一个零件的所有层打印完毕，然后把未固化的粉末清理掉，得到一个三维实物原型。

　　3D-P 技术最早是麻省理工学院研制并应用的，耗材很便宜，一般的石膏粉都可以，成型的速度快，因为是粉末黏合在一起，但成形表面比较粗糙，强度也不高，可以全彩色成型样件。一般用于教育教学，大地地貌，楼盘设计等模型中。

图 2-6　3D-P 技术原理打印机

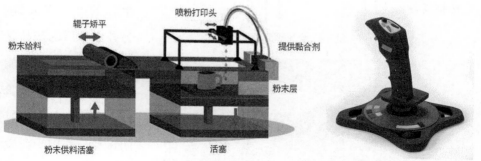

图 2-7　3D-P 技术原理示意图　　　　图 2-8　3D-P 技术应用案例

四　SLS 选择性激光烧结成型

选择性激光烧结成型（Selective Laser Sintering，SLS）是采用红外激光器作能源，使用的造型材料多为粉末材料。加工时（如图2-9所示），首先将粉末预热到稍低于其熔点的温度，然后在刮平辊子的作用下将粉末铺平；激光束在计算机控制下根据分层截面信息进行有选择地烧结，被扫描区域的粉末温度升高，熔化后烧结成型，一层完成后再进行下一层烧结，全部烧结完后去掉多余的粉末，就可以得到烧结好的产品造型。目前成熟的工艺材料为蜡粉及塑料粉，用金属粉或陶瓷粉进行烧结的工艺还在研究之中。

在成型的过程中因为是把粉末烧结，所以工作中会有很多的粉状物体污染办公空间，一般设备要有单独的办公室放置。另外成型后的产品是一个实体，一般不能直接装配进行性能验证。另外产品存储时间过长后会因为内应力释放而变形。对容易发生变形的地方设计支撑，表面质量一

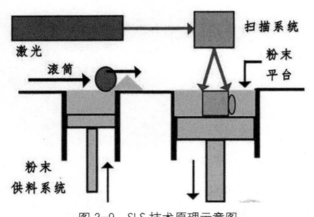

图 2-9　SLS 技术原理示意图

图 2-10　激光烧结成型过程

图 2-11　SLS 技术应用案例——金属粉末烧结成型的开瓶器

般。生产效率较高，运营成本较高，设备费用较贵。能耗通常在 8000 瓦以上。材料利用率约 100%。

SLS 多用于高分子粉末烧结，如陶瓷粉末金属粉末的烧结成型，强度高。

五　FDM 熔融沉积成型

熔融沉积成型（Fused deposition modeling, FDM）是 1988 年发明的，如图 2-12 所示，喷头中喷出丝状的热塑性材料，是材料始终保持液态，这些熔融状态的材料在计算机成型数据的驱动下，有选择的沉积在 X-Y 工作台上，按截面形状铺在底板上并逐渐固化，造型由此被一层一层

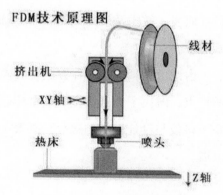

图 2-12　FDM 技术原理示意图

的加工出来，最终
生产出产品的外观
造型。

现阶段商品化的
FDM 设备使用的材
料范围很广，如铸造
石蜡、尼龙、热塑性
塑料、ABS 等。此外，
为提高生产效率，有
设备商开发了带有多
个喷头的增材制造设
备；为方便后处理，
现阶段又开发出带有

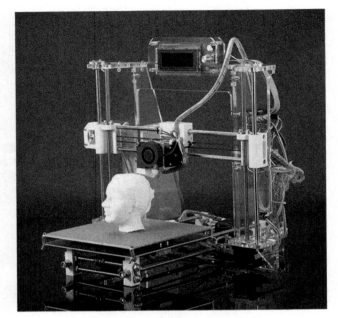

图 2-13　龙门式的 3D 打印机

水溶性支撑材料的新型打印机，大大地提高了成型后处理的速度和可行性。

　　FDM 打印机目前市场上占有量最大，不需要激光系统，价格低廉，成型的表面质量也相对较好，有的甚至可以直接用于装配和性能验证。耗材有 PC、ABS、PLA、PPSF 等丝状原材料，材料利用率高，色彩丰富。此外，应用 FDM 技术成型后的产品具有一定的机械强度，支持再加工，适用于医学、设计研发、教学及研究机构、航空航天、家电以及大地测量等领域，具有广阔前景。

　　由此可见，以上 5 种方法是在模型制作中经常使用到的，由于成型方法的特点，解决了复杂造型的成型难题，不仅仅制作效率高、成本低，而且实现了科技与设计创作的融合，凝聚了深刻丰富的内涵，促进了文化的传播与发展。

图2-14　FDM技术应用案例——玩具车

六　后处理工艺

近些年来，随着3D打印技术的发展，它的应用领域逐渐从最初的科研延展至工业、汽车、航空航天等诸多领域，在"中国制造"向"中国智造"迈进的过程中，3D打印成为了最具代表性的先进技术之一，引起了各界的关注。产品设计在完成创意设计后，经过3D打印与制作获得了物理模型，这只完成了初级加工。这些初加工模型，都需要进行后处理，以便获得用于评价的表面质量更佳、创意表达更清晰、结构设计更准确的样件。

在模型的后期处理过程中，有以下方法：

1.打磨

有时模型表面粗糙无法进行着色或贴膜，需要用砂纸、浮石等摩擦介质进行表面处理，清除毛刺、油污、灰尘等。

打磨可以分为机械打磨、干打磨和湿打磨三种：机械打磨适用于大面积

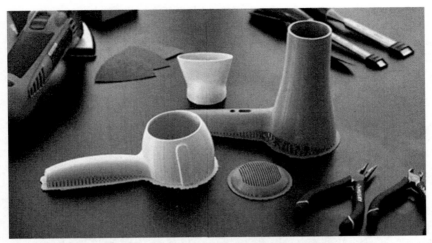

图 2-15、图 2-16　吹风机外壳打磨前的模型状况

的模型表面，用电动打磨机实施；干打磨是用细目砂纸打磨，这种打磨会产生较大的粉尘；湿打磨是用水砂纸蘸水打磨，粉尘较少。通过打磨后获得的模型，表面平整、质地细腻，可以进行着色等处理。

　　经过快速成型制得的吹风机外壳，需要首先去除加工毛刺结构，这些毛刺在加工过程中起到支撑外壳表面的作用；其次进行电动打磨，使得表面更加光滑；最后进行了细目湿打磨，使得外壳表面更加细腻。

从图 2-17 到图 2-19 中，清晰地看出打磨前后的外壳表面细腻程度的不同。只有经过打磨的模型，才能进入下一步表面处理工艺，如抛光与上色工艺。

图 2-17　吹风机外壳机械打磨

2. 抛光

抛光分为镜面抛光和透明抛光，这两种抛光方式在模型制作中非常常见，经常使用。镜面抛光分成机械镜面抛光和化学溶液镜面抛光，机械镜面抛光是在金属材料上经过磨光工序（粗磨、细磨）和抛光工序从而达到平整、光亮似镜面般的表面。

图 2-18　吹风机外壳进行湿打磨

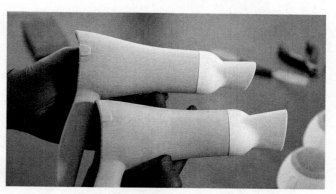

图 2-19　吹风机外壳打磨前后对比

化学溶液镜面抛光是使用化学溶液进行浸泡，去除表面氧化皮从而达到光亮效果，如图所示，可以看出明显的抛光前后效果不同。

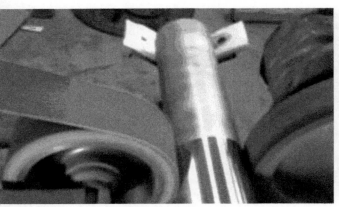
图 2-20　使用机械抛光方式到达镜面效果

图 2-21　不锈钢电解抛光液电解抛光，达到镜面

对于塑料模型，经过快速成型后的表面较为粗糙，这时可以使用抛光液进行处理。如图，右侧的采用 ABS 丝材材质，经过 3D 打印成型的猫头鹰模型，它的表面丝痕严重。这时可以使用丙酮抛光，将模型浸入溶液里，取出后，表面会变得非常光滑。这是因为 ABS 与丙酮接触时发生的化学反应。把打印完成的模型浸入到丙酮一小会儿就能够去除模型表面的一些粗糙感、消除丝痕，使得模型表面变得光滑。

此外，少量的丙酮还可以作为粘结剂，把两块 ABS 塑料黏合到一起。

3. 喷涂

喷涂也是一个手板外观的最直观体验，也是目前最为广泛的工艺。通

图 2-22　使用丙酮等化学溶液，使经过 FDM 技术成型的模型表面变得非常光滑

过喷枪，借助于压力，分散成均匀而微细的雾滴，施涂于模型表面的涂装方法。它可分为空气喷涂、无空气喷涂、静电喷涂以及上述基本喷涂形式的各种派生的方式，如大流量低压力雾化喷涂、热喷涂、自动喷涂、多组喷涂等。手板模型大多是采用手工调油喷绘，一般需要有经验的模型师，才能准确地把握喷绘和调色的各种技巧。

此外，喷砂是常用的方法，它是以压缩空气作为动力，形成高速喷射束将喷料喷射到需要处理的模型表面，让模型表面或者形状发生变化。比如去污、表面哑光处理、提高粘接件黏度、优化加工后的表面毛刺等。利用高压喷射的喷砂工艺比传统的手工打磨更高效更均匀，打磨出来的型材表面具有低调、耐用的特点。

4. 着色

模型制作选用的材料有自己的色彩，例如木质模型、玻璃、金属等材质。当原材料的色彩不能满足模型制作的色彩要求时，只能利用各种制作手段和

图 2-23　正在进行喷砂处理的金属隔板

色彩调配，改变原材料的色彩，形成所要表现的色彩，这时就需要二次成色。通常可以选择油漆、丙烯等着色剂。这主要取决于每个底色材料和所使用的着色剂的性质。

着色的过程分为打磨上底色漆，上表面色漆两个阶段：

第一个阶段，需要将模型表面打磨光滑，可以使用原子灰等较为细腻的介质来处理表面，使其是无油、洁净的状态。

第二个阶段，通常在灰尘较少的烤漆房等空间内完成。着色分为多种方式：

（1）手涂着色：最简单易学、易操作的上色方式，但需要经验与技巧，适应性强，适合小比例模型。

（2）喷漆着色：它是目前 3D 打印产品和模型的主要着色工艺之一，主要采用油性漆，因其漆膜的附着力强，所以材料的适用范围广，能用于所有产品和模型的着色。

（3）浸染着色：该工艺是传统的着色方式，是通过把模型放入含染料及需助剂的染液中，使染料逐渐上染到模型表面的一种着色工艺，由于浸染是通过材料对染料的吸附而着色，因此在目前 3D 打印的材料中只适用于尼龙材料的模型上色。

（4）电镀上色：该工艺是目前塑料产品着色处理最常用的工业生产方式，它是一种应用十分广泛的表面着色和处理技术。

如下图所示，这是一款款取暖器造型设计的模型制作的完整过程。首先是物理成型，后经过原子灰补土阶段获得细腻的模型表面，再喷底漆，然后处理面漆。

在模型制作的过程中，需要注意以下几点：

（1）要注意模型色彩的视觉艺术、色彩构成的原理，色彩的功能、色彩的对比与调和以及色彩设计的应用。例如，在模型颜色设计中运用比较协调的色彩以及利用色相不同但明度和纯度类似的颜色，以达到视觉的统一。

图 2-24 物理模型初样

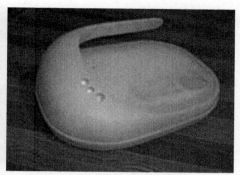

图 2-25 补土后模型状态

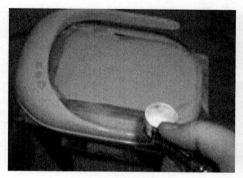

图 2-26 喷底漆

图 2-27 喷面漆后状态

（2）要掌握好模型色彩中的原色、间色和复色之间的微妙差别。例如，利用少量原色和间色与大量的复色形成对比关系，可使整体形象活跃，突出所表达的重点。

（3）要处理好模型色彩中的色相、明度和色度的属性关系。如在模型制作中将灯光与纯度较高的颜色结合，那么会使整体模型具有很强的视觉吸引力，起到突出视觉效果的作用。

（4）着色过程中注意遮挡不同

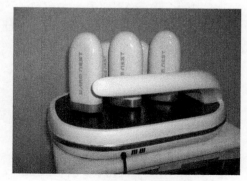

图 2-27 取暖器模型的最终效果

色漆的区域。

5. 丝网印刷

丝网印刷属于孔版印刷，它与平印、凸印、凹印一起被称为四大印刷方法。孔版印刷包括誊写版、镂孔花版、喷花和丝网印刷等。孔版印刷的原理是：印版在印刷时，通过一定的压力使油墨通过孔版的孔眼转移到承印物（纸张、陶瓷等）上，形成装饰图案或文字。

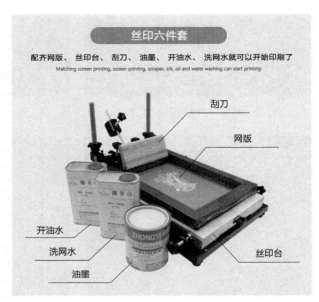

图 2-29　丝网印刷设备

图 2-30　丝网印刷应用案例之一——收纳盒

图 2-31　丝网印刷应用案例之二——鼠标

可见，丝网印刷由五大要素构成，丝网印版、刮板、油墨、印刷台以及承印物。印刷时在丝网印版的一端倒入油墨，用刮板对丝网印版上的油墨部位施加一定压力，同时朝丝网印版另一端匀速移动，油墨在移动中被刮板从图文部分的网孔中挤压到承印物上。

这种工艺大多用于处理塑料制品的表面装饰，如下图所示，鼠标等产品表面的 Logo 商标，就是采用丝网印刷制得。

下面以自动酸奶机模型设计过程为例详述产品设计、模型制作与后处理过程。首先，利用电脑完成了辅助设计，获得酸奶机外形、结构的数字化模型；其次，将数模转化为加工

图 2-32　自动酸奶机电脑造型设计

图 2-33　CNC 机加工以获取物理模型

图 2-34　结构与分型设计加工

图 2-35　喷漆着色　　　　　　　　　　图 2-36　装饰图案以丝网印刷方式实现

中心可识别的机器码，进行分件加工，我们按照设计好的结构分型，得到多个零部件；再进行表面着色工艺；最后丝印完成表面图案的装饰。

第三部分

陶瓷 3D 打印工艺

陶瓷产品是人们日常使用的，以配方泥料为原料，运用特殊工艺批量生产的工业制品。陶瓷产品的设计考虑产品的造型、表面装饰和材料等因素。其中，陶瓷产品的造型是装饰设计的基础，也是陶瓷产品设计的关键所在。陶瓷产品的造型成型方法主要有传统与现代制造两种成型方法。

一　传统陶瓷成型工艺

陶瓷产品的传统成型工艺主要有手工与石膏模具成型。手工成型主要使用拉坯机，依靠手工与制作经验控制坯体造型；模具成型则需要制作石膏模具后使用泥浆或泥坯印压完成。

1. 手工拉坯成型

手工拉坯是在轮盘或辘轳车上，用手工方式将泥料拉制成各种坯体造型的陶瓷产品成型方法。它主要有揉泥定位、放泥把正、开孔拔柱、坯体成型、制底

图 3-1　拉坯成型的过程

取坯等步骤（图 3-1）。待泥坯静置半干后，经过精细修坯便可得到所设计的产品造型。这种成型方法要求手工技术水准高，且劳动强度大，尺寸不宜精确控制，通常是"形似神似"，多用于盘、碗、洗、壶、罐、瓶等产品的成型制作。

2. 模具成型

陶瓷坯体模具成型主要有注浆模具、压坯和印坯模具等。陶瓷坯体成型的模具通常选用石膏制作母模。注浆模具成型是利用石膏的脱水性，以陶瓷泥浆为原料生产形状相对复杂，薄壁的陶瓷产品。

它分为注浆、吸浆、放浆、修坯和脱坯等多个步骤（图 3-2）。压坯模具成型主要利用高速旋转的滚头滚压成型。印坯模具成型主要利用静力压制成型，通常用于制作较小体积的产品零部件（图 3-3）。

图 3-2　注浆石膏模具成型

图 3-3　构件印坯后手工堆叠

此外，陶瓷坯体还可以通过泥条盘筑、雕塑等手工方法直接成型。

二　陶瓷3D打印间接成型方法

使用模具成型工艺，模种的造型起决定性作用，对于复杂造型模种，陶瓷坯体的传统成型所受限制较大，如若造型复杂，则增加了手工成型的难度，无形之中增加模具制作与模具成型的难度，将会影响成品率。

2013年，美国政府在俄亥俄州创建制造技术研究所（National Additive Manufacturing Innovation Institute，NAMII），着重用于研究增量成型等现代制造技术。3D打印是产品高效制造的增量成型新方法，它主要用于金属粉末或具有塑性的可粘合材料，通过逐层打印添加材料方式逐渐"生长"完成增量成型，这种增量成型技术目前被应用于产品设计与成型、医疗产品、汽车、工程施工和航天等领域。

在陶瓷产品设计领域，具体可以分为直接打印成型和间接打印成型两种，它的技术路线如图3-4所示。

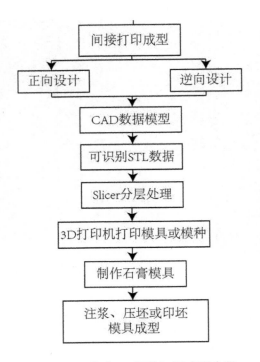

图 3-4　陶瓷 3D 间接打印成型流程

3D 打印机是 3D 打印成型的重要设备，并安装有用于精确定位的 3D 打印喷头，通过芯片能够精确控制材料的挤出时间。3D 打印机喷头通过挤出丝状熔融材料，逐层堆叠出设计的产品外观造型。

在陶瓷 3D 打印间接成型方法中，模种的打印成型至关重要，通常情况下是以普通 3D 打印机打印塑料模种，并制作石膏模具，通过模具生产陶瓷产品的过程，主要有以下基本步骤：

1. 创意设计与表现

在进行产品设计初端，设计师将头脑中的概念以手绘方式快速记录下来，并判断功能与结构可行性，确定产品的造型。

利用计算机快速的数值计算和强大的图文处理功能，辅助设计师完成产品设计效果图输出、工程绘图等工作。

2. 以 FDM 桌面打印机打印模种

（1）FDM 桌面打印机的结构特点。

计算机辅助设计获取的数据模型，是可以使用 FDM 技术原理的桌面打印机直接打印制作。FDM型桌面打印机是通过 XY 轴伺服电机带动打印头，从送料机送入一根热塑性细丝材料，经过打印头加热后，再用挤出头把熔融物挤出成一层薄片，这一层薄片在载物平台上冷却后迅速变硬。Z 轴电机将打印头略微向上移动一层，再继续挤出堆积到上一层薄片，如此反复操作，层层堆积，经过

图 3-5　创意设计草图

图 3-6　计算机辅助设计示意

一段时间后，一个 3D 实体模型就"打印"堆积成型。

FDM 成型技术利用了热塑性材料受到挤压成为半熔融状态的细丝，由沉积在层层堆栈基础上的方式，从计算机数据模型资料直接建构原型。FDM 技术还有很多可采用的成型材料，例如改性后的石蜡（丙烯腈／丁二烯／苯乙烯）、共聚物（ABS）、尼龙、橡胶等热塑性材料，以及多相混合材料，如金属粉末、陶瓷粉末、短纤维等与热塑性材料的混合物。其中 PLA（聚乳酸）具有较低的收缩率，打印模型更容易塑形，以及可生物降解等优点，现今大多数桌面 FDM 型 3D 打印机均采用这种材料。

这种 FDM 型打印机通常具有以下特点：

容易组装，可自行完成机身组装，无须专业人员安装；

高精度，基于 FDM 技术的成型工艺，且打印出的产品为准产品级。

双杆固定。所有的马达都非常稳定，移动时抖动非常小，最大可以达到 500mm/s 的电机移动速度。

超大打印容积，最大打印容积可达 230mm×225mm×205mm。

图 3-7 处于工作状态的 FDM 型 3D 打印机

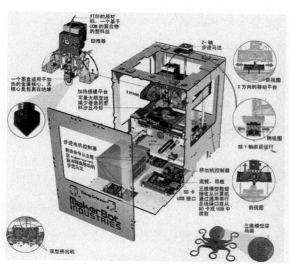

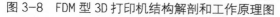

图 3-8　FDM 型 3D 打印机结构解剖和工作原理图　　图 3-9　FDM 型 3D 打印机的挤出头

代码开源，这为打印机完成自我生产与复制创造了有利条件。

对 3D 打印机而言，挤出头是其核心的部件，市面上 FDM 型 3D 打印机大多数采用加热棒对铝块进行加热。图 3-9 中，塑料丝材通过挤出机将丝材从进口端挤入，通过喉管导向，到达铝块，经过熔化，进入喷嘴，最后由喷嘴挤出。由于喉管内径比塑料丝直径稍大，故熔化后的塑料丝在进端进丝材压力作用下较容易从喷嘴挤出。铝块内部装有热敏电阻来读取温度进而由主控板来控制温度，保证温度在塑料丝的熔融温度之上。

3D 打印机的打印头中喉管由不锈钢制造，是为了降低其导热性能，不锈钢喉管有些内部还衬有铁氟龙，由于挤出头长期加热打印致使吼管内部温度升高，导致管内料也处在熔融状态，当停止打印冷却后，材料就黏结在管内，下次重新开机打印时，管内黏着料不能马上熔化，使喉管出现堵料现象，喉管内部衬铁氟龙，使喉管内料都不会熔融黏着，能大大改善堵头问题。同时作者在挤出头外加散热片和风扇，主要也是为了降低喉管上部的温度，防止堵头问题，也可以为挤出机散热。加热熔化后的塑料丝材由喷嘴挤到打印台上，为了减少塑料因温度骤减而发生翘边和收缩等不良现象，可以将打印台做成加热床，床内有热敏电阻与电路板相连，来控制加热床的温度。

（2）FDM 打印机打印塑料模种。

FDM 工艺的基本原理为利用打印机自带软件将 3D 数模（由 CATIA 或 UG、PRO-E 等三维设计软件得到）分层，自动生成每层的模型成型路径和必要的支撑路径。

首先，需要调平打印平台。这个过程包括：转动 Z 轴螺纹丝杆，直到喷头几乎触及平台；移动打印头到左前角；调节平台上的调节螺丝，直到喷头触及平台；把平台右前角往下调整，直到能再不刮伤平台的情况下移动喷头到平台右侧；然后上调平台右前角，直到它接触到喷头；重复上述过程转动 4 个角落的调整螺丝，直至平台水平。通常情况下，在使用 3D 打印机的过程中，一般来说可以跳过粗调，直接进入精调，但是如果打印机长时间未使用，粗调步骤还是必须要完成的。粗调的目的是保证平台在每次取放后，平台和喷

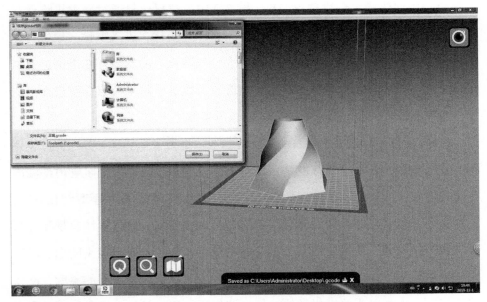

图 3-10　使用切片软件将 STL 数据文件转换为 G 代码

头保持 0.5mm 左右的合理距离。

其次，使用胶布贴满平台底板，这样做的目的是在打印结束时，便于模型样件容易与平台底板剥离开来。

再次，使用切片软件读取数据模型，并转化为 3D 打印机可识别并读取的 G-code，将计算机中的 CAD 数据模型以 STL 格式读取后，分层软件对其进行算法分层并记录挤出头路径，即将 3D 数字模型切片生成一系列横切面组成的数字化文件。切面的厚度实际上就是打印机支持的单层厚度（比如0.1mm）。

在这个过程中，切片软件内有许多参数需要设置：

层厚度（Layer Thickness）。3D 打印工艺都有各自的规格限制，其中最重要的一项就是机器所打印的每层的厚度，如果设计中存在精细到 0.01mm 的细节，而打印机的精度只有 0.1mm 的话，就不能实现设计意图，打印机自动会忽略设置，因此应选用相应的精度（层厚度）的 3D 打印机。通常情况下，选择层厚度在 0.1—0.4mm 之间，打印精细的模型通常选用 0.1mm，耗时较长；打印质量要求不高且体积较大的模型，可以选择 0.2mm 或者更大的数值，节省加工时间。

壁厚（Thickness），是指模型水平方向的边缘厚度，即切面最外层的厚度，这个参数决定了边缘走线次数及厚度，数值一般是与喷嘴直径成倍数关系。

回退也叫回抽、回缩，当模型跨越空白区域，若没有开启此项功能，由于重力的作用，跨越空白区域移动时喷嘴会流出点耗材，造成拉丝现象。开启此项功能跨越空白区域，挤出机构就会将材料根据设置，按照所设置的速度和长度进行回缩。

填充分为顶层／底层厚度填充、填充密度两部分。前者控制底层和顶层的厚度，通过层厚和这个参数计算需打印出的实心层的数量。根据每层的层高，一般会设置成层高的倍数，是最底层打印多少层之后才会进行填充的依据。如果设置厚一点的话，效果固然会漂亮许多，几乎看不到里面的填充，

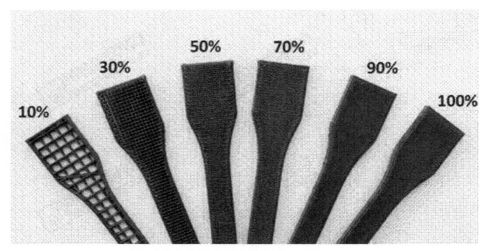

图 3-11 填充比例不同

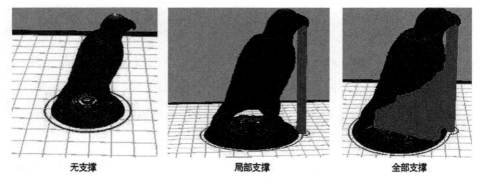

无支撑　　　　　　　局部支撑　　　　　　　全部支撑

图 3-12 3D 打印设置的不同支撑类型

但是需要耗费更多的时间。后者是指内部填充比率，这个参数不会影响模型的外观，它一般用来调整模型的强度。如果需要空心物体，只需设置成 0；如果需要实心物体，则设置成 100。通常情况设置范围在 15—30 之间。

速度与温度选项是用以控制打印头状态的参数。一般改动的频率不是很大，主要是平时打印的速度和温度设置，属于全局的参数设置。打印速度是根据模型的复杂程度及所要达到的打印效果来设置；喷头温度是根据耗材的最佳打印温度而设置，不同厂家的耗材有不同的最佳打印温度。

支撑材料（Support Material）。对于 3D 形状上的悬垂或中空结构，一般都会使用支撑材料来保证模型不会在打印的过程中坍塌。支撑材料一般都比较好去除，也可以使用模型材料作为支撑。在 3D 打印机工作的过程中，任何超过 45 度的突出物都需要额外的支撑，或是巧妙地建模技巧来辅助模型打印。圆盘状或是圆锥状的底座应尽可能地被设计到模型中，尽可能避免使用内建的打印底座，一方面打印速度较慢；另一方面难以去除，并且容易损坏模型。

支撑的类型包括无支撑、局部支撑和全部支撑三种。一般设置选择为局部支撑，如果模型复杂，悬空位置比较多可选全部支撑，此功能会影响模型表面效果，自动添加的支撑是根据所设定的临界角所添加的。此外，局部支撑是对模型底面的支撑，即产生的支撑只在平台上；全部支撑是在模型底面全部加支撑，这是相对于复杂结构的模型通常选择全部支撑，但表面的效果会有影响，可以适当旋转模型，尽量选择一个支撑少的合适打印位置。

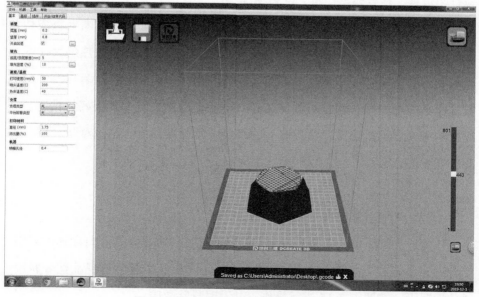

图 3-13 切片软件虚拟预览打印过程

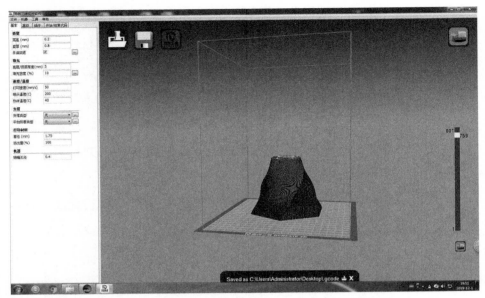

图 3-14　预览完毕，模型处于 100% 打印状态

在设置完参数后，从分层软件中可以预览到 G-code 挤出头打印路径，虚拟打印过程，检查模型质量，支撑情况等。

最后，开机，完成预热，3D 打印机读取 G-code 文件，不断地将横切面层层堆积，直至将 3D 实体打印完成。由于挤出热熔头将丝状热熔性材料加热熔化，通过带有一个微细喷嘴的喷头挤喷出来，由于成型过程保持一定的温度，该温度下熔融的材料既可以有一定的流动性又能保证很好的精度。一层成型完成后，机器工作台下降一个高度（即分层厚度）再成型下一层，如此直到工件完成。

3. 常见故障与排除

任何机器都不能排除意外发生，3D 打印机工作过程耗时，打印速度较慢，具有一定的自控行，但仍会出现一些故障，致使打印异常出现乱丝等状况。通常情况下，按照图 3-15 进行操作，并及时排除故障。

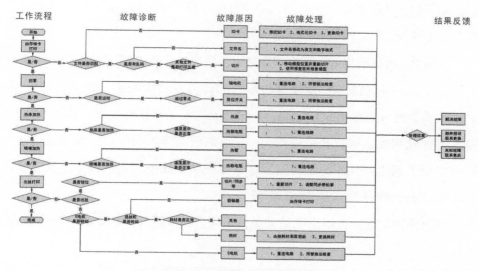

图 3-15　3D 打印机的故障排除

故障一：挤出喷头无法吐丝

需要检查挤出喷头，以手动方式进料，检查是否出料平顺；检查设置挤出头的温度，一般设定为 200℃；检查分层软件参数是否异常；检查回抽设置，如果回抽强烈，同样会导致无法出料等问题。

故障二：打印出的丝材无法粘结在平台表面

挤出丝材无法粘结平台，模型的底层无法和平台紧密粘牢，此时需要检查平台表面是否有贴摩擦系数较大的胶带；挤出头与平台之间的间距是否过大，通常设定为一张 A4 纸的高度；是否出料不足导致；挤出头的温度是否处于高温工作状态等。

故障三：打印过程中，机器显示屏出现乱码或花屏状态

故障原因有可能是室内连接打印机的电源线路没有接地线（与地线联通）造成，需要移动位置，把机器移动到地线连接正常的位置上；还有可能是天气干燥，静电造成的花屏。这些原因对机器本身没有影响，如果花屏时，打印模型已经出错，直接关机，再重启机器。如果打印过程中的模型没出现问

题，不要执行任何操作，让打印机继续打印。打印结束后，请关机，再开机，就会恢复正常。

故障四：已打印出的模型出现翘边

在用 ABS 材料打印 3D 模型时，有时会遇到模型翘边。尤其是在打印大尺寸模型或者底部面积较大的模型时，翘边会变得格外频繁，其根本原因是模型的底部边缘与基底粘接不牢，温度的快速降低会导致材料迅速收缩，因此出现了翘边。具体的影响因素有平台底盘预热不均匀、打印速度较慢、ABS 打印材料的弹性和收缩度不够等。

解决翘边问题，可以借助辅助盘，打印后拆除即可。辅助盘是在模型的

图 3-16　借助辅助盘设计解决翘边问题

底面角落设置的原型实体，这种实体面积比原有模型接触面积大，便于模型底板与平台紧密粘接，不再翘起（图 3-16）。

使用辅助盘来解决 ABS 的翘边问题，虽得到缓解，但终究比较烦琐，除了增加支撑结构外，还要尽可能地将模型设计成空件打印，这是因为打印件质量小，中心热量越少，翘曲就会减少。此外，PLA 材质较 ABS 材质，在硬度、弹性与收缩性上都有明显优势，抗翘边性能较好。

故障五：喷头位置偏移，挤出头坐标异常

打印过程中，有时会出现电机失步情况，造成喷头位置偏移，坐标异常，这是可以检查同步轮是否上紧；光轴是否有异物，造成阻力过大，电机失步的情况，并排除故障。

故障六：打印模型底层出现外凸

3D 打印模型的根基部位稍向外凸出，称为"象脚"状。这是因为当下层冷却时间很短的情况下，并未回复成固体时，容易形成"象脚"现象。通过平衡打印平台的温度和风扇转速、调整打印平台、检查喷嘴高度等方法可以排除故障。

故障七：缺层

模型中存在间隙、裂缝，这是因为 3D 打印机无法提供图层所需的塑料量。除此之外，3D 打印材料、丝线卷轴、送料轮也可能存在问题（例如直径变化），也可以检查喷嘴是否堵塞。此时，需要仔细检查机器，确保无松动零件；仔细检查打印机的结构和对齐情况；仔细检查轴承和弯曲杆是否有磨损；添加润滑油，保持机器平滑运行，使用上述方式，可排除故障。

故障八：打印较高模型时，出现裂缝

在较高的 3D 打印模型上，其侧面总会有裂痕。这是因为在较高层中，材料冷却得更快，因为来自平台的热量无法达到相应高度，因此上层的粘附性较低；还需要检查层高与喷嘴直径，通常情况下，层高应比喷嘴直径小20%，否则每层上的塑料将无法正确地与它下面的层黏合，也会造成开裂；

还需要检查热端温度，并以 10℃的间隔均匀升高，检查冷却风扇的位置和速度。

故障九: 3D 打印材料挤出太少

挤出不足意味着打印机无法提供所需的材料，如若打印速度太快，也会造成材料无法及时补给，这都可能导致薄层，不必要的间隙层以及完全丢失图层。

造成这种故障，首先需要查看分层软件中设置的丝材直径与所用材料直径是否一致，分层软件中的设置问题会导致挤出材料数量太少。另外，在挤出过程中，丝材也会受到喷嘴中污垢的限制，挤出头阻塞同样会导致材料挤出过少。

解决此类故障，需要用卡尺测量丝材直径，检查丝材直径与分层软件中设置的参数是否一致，还要坚持挤出头是否有异物阻塞，并以 5%的时间间

图 3-17　高度较高的模型上部开裂

图 3-18　3D 打印材料挤出太少

图 3-19　过度挤出打印成的模型

隔调节挤出比。

故障十：过度挤出 3D 打印材料

过度挤压意味着打印机提供的材料多于所需材料，这可能会导致打印模型外部的材料过多。当分层软件中的挤出系数或流速设置得太高时，通常会出现这种情况。此时需要检查是否设置了正确的挤出系数，需要减少丝材的供给量、流出量。

三　陶瓷 3D 打印案例——陶瓷 "菠萝杯" 设计

以 "菠萝杯" 的设计与制作过程为例，它分为计算机设计产品数据模型并转换为 STL 数据文件、数据模型 Slicer 薄片分层处理、3D 打印机打印模具、制作石膏母模、注浆或压坯成型等阶段。

1. 计算机设计产品数据模型并转换

使用计算机设计产品，可以正向设计，使用三维软件直接建模，后进行数据转换并完成 3D 打印。也可以逆向设计，利用已有产品的造型特征，使用三维扫描仪扫描后，再进行"重构"得到新产品。三维扫描仪是逆向设计过程中的重要设备，它不同于传统的测量方式，它可以通过激光照射并高速捕捉物体上的海量点云，进而获取产品的造型特征，是一种高效率、高精度提供三维数据的测量设备。在产品设计中通常会使用大型三维软件设计产品实体模型，如 Rhino、Maya、Pro/E、Solidworks、Blender 等。

"菠萝杯"造型以菠萝的造型特征为创意原型，主要表现韵律与节奏的美感，造型变化独特。在水杯的造型设计过程中，使用 McNeel 公司开发的 Rhino 软件设计三维数据模型，经过电脑辅助设计后，便得到具有一定艺术特征的创意水杯的造型，并最终生成实体（图 3-20）。STL 文件是 3D 打印领域内的通用数据文件，如果一个应用软件可以将计算机 3D 模型转换成 STL

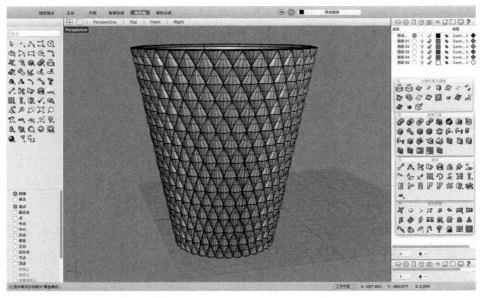

图 3-20　使用 Rhino 设计完成的"菠萝杯"

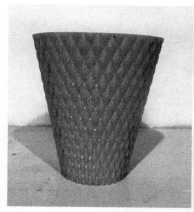

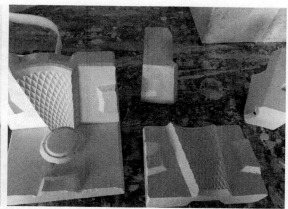

图 3-21 3D 打印机打印的"菠萝杯"原型 　　图 3-22 以"菠萝杯"原型制作石膏母模

格式，那么这个 STL 数据就可以被 Slice 薄片分层处理，进而被 3D 打印机识别。

2. 数据模型 Slicer 薄片分层处理，打印塑料原型

Slicer 薄片分层是指将 STL 数据文件转化成一系列的"指令"即 G-code 代码，它可以控制喷嘴走位与材料挤出程度，通过指令数据流来打印设计。图 3-21 是塑料丝 3D 打印机打印的"菠萝杯"原型，它是用来翻制石膏母模的模种。图 3-22 是以塑料"菠萝杯"为模种翻制的石膏模具。

Slicing 是 3D 打印的关键阶段，它是一种在打印品质、速度和材料损耗三个方面的动态平衡。在许多打印案例中，恰当的选择分层切片的参数，是打印成功的关键所在。

3. 使用石膏模具注浆成型

陶瓷产品的注浆成型是利用石膏模具的良好吸水性能，将具有流动性的陶瓷泥浆注入石膏模具内，静置一段时间后，陶瓷泥浆便均匀分散地粘附在石膏模具上，随着时间的延长，粘附在石膏模具上的瓷泥层不断加厚，当达

图 3-23　使用石膏母模注浆成型制成的"菠萝杯"泥坯

图 3-24　经过高温釉烧后的"菠萝杯"（1320℃）

到一定厚度时，倒出泥浆，再经过干燥与脱模，便可制成瓷泥坯体（图 3-23）。该水杯坯体经过脱水、施釉等工艺后便可进入窑炉完成烧制成瓷工艺，图 3-24 是经过 1300℃高温烧制成瓷的陶瓷菠萝创意水杯。

由"菠萝杯"的创意设计并成型过程来看，3D 间接打印虽不及直接打印效率高，但极大地改善了产品制作精度，可以将计算机设计模型如实的精确制造出来。

由此可见，应用陶瓷 3D 打印间接成型技术，精确地表现了计算机辅助设计中的复杂造型，造型特征比传统成型准确，可以初步得出如下结论：

传统手工成型技艺，需要大量实践与经验积累，但不易控制精度。使用 3D 打印技术制作陶瓷产品造型，极大地提高了陶瓷产品制造精度，不但提高了生产效率，也适合批量陶瓷产品的生产活动。

由陶瓷"菠萝杯"的成型过程可以看出，使用 3D 打印机打印塑料模种，并将其制作成石膏母模，间接方式制作陶瓷产品，能够精确地反映产品的造型特征，简化了生产工艺过程，提升了生产效率，批量的石膏模具将有利于大批量陶瓷产品制作。

最后，3D 打印技术应用于陶瓷产品的成型过程中，丰富了陶瓷产品成型方法，在一定程度上改善了生产工艺，优化了产品设计流程。

第四部分

基于 FDD 的陶瓷 3D 直接打印技术

自从热塑性塑料以及金属作为原材料供应进入工业生产领域，流体以及膏体类材料的 3D 打印也已经进入专业应用的行列。陶瓷 3D 打印间接成型，是应用 FDM 技术打印塑料模种并完成模具制作，借助模具成型技术，制作陶瓷坯体造型，既能提升陶瓷产品的造型精准度，又改进了生产方式。除此之外，还可以采用

图 4-1　陶瓷 3D 打印机

陶瓷 3D 直接打印成型方式，它比间接成型更加快捷、高效，加工制造成本更低，它主要采用流体计量与沉积（Fluid Dosing & Deposition，FDD）技术，依靠陶瓷 3D 打印机将计算机中的创意设计数据模型，以逐层堆叠的方式直接打印出来，不但省去了模种制作的时间，而且略去了模具成型工艺，因此，这种直接成型方式的效率更高。

一　流体计量与沉积技术

　　流体计量与沉积（Fluid Dosing & Deposition，FDD）技术是德国高黏度流体定量输送领域著名企业维世科（ViscoTec）开发的 3D 打印技术，2017年被比利时设计工作室安佛得（Unfold）应用在陶泥挤出头系统中，使得陶泥可以按照设定的流量连续的挤出，挤出头按照分层路径逐层堆积出一定的造型。目前，安佛得（Unfold）已经应用 FDD 技术原理的陶瓷打印机创作出

图 4-2　FDD 技术成型的陶瓷作品泥坯

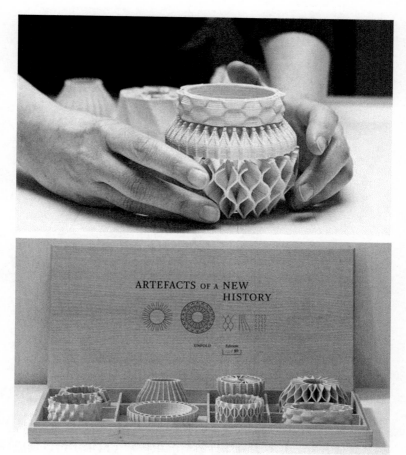

图 4-3　Unfold 设计生产的陶瓷 3D 打印

了十分精美的陶瓷艺术品。

　　德国高技术企业维世科（ViscoTec）是 1997 年成立于米尔多夫，是专业生产黏稠度流体的定量供给设备厂商，可以 100% 控制物料的定量，对处理高精准物料投放、处理高黏度物料具有全球领先的技术优势，2013 年在上海成立了中国分部。维世科（ViscoTec）主要应用于工业领域，包括汽车工业、航天航空、电子、塑料、再生能源、生物技术、医疗技术、医药工业、化妆品、食品工业以及 3D 打印领域。其中，在 3D 打印领域，维世科（ViscoTec）设计制造不同的 3D 打印设备，可以使用硅胶、UV 固化胶、双组份胶等完成

图 4-4　医用材料打印

直接成型工作，它们甚至可以实现以 1ml/min 的流量（基于物料黏稠度）打印 0.2mm 厚度物料（图 4-4）。维世科（ViscoTec）专注于打印头设备生产制造与软件开发，开发的流体计量与沉积技术（FDD）可以集成到所有的 3D 打印机上。

　　流体计量与沉积技术（FDD）可以使 3D 打印机绕开标准的挤出头热端，具备了在室温下沉积硅树脂、黏合剂、陶泥等高黏性流体的能力。FDD 技术的优势在于使得整个 3D 打印过程更加稳定，沉积的精度很高并且不会受到材料黏度和颗粒尺寸等因素的影响，材料的流动可完全通过软件控制而不必依赖材料本身的性质，大大减少了人工调整的工作量。最重要的是，这种 FDD 技术可精确沉积高填充率的研磨材料，又不会造成太大的磨损，例如，比利时安佛得（Unfold）工作室已经能够通过他们自己的 3D 打印机处理固体含量 80%，晶粒尺寸达 63μm，黏度约 250000 mPa.s 的陶泥，而最终制造出来的打印件已经具有很高的质量。

二　陶瓷 3D 打印机构造陶瓷

3D 打印机采用陶土为物料，从陶瓷泥料到陶瓷产品需要经历三个阶段：一是将含有大量水分的陶瓷泥料罐装至料仓内。练制好的泥料质地紧密、无气泡，罐装泥料（图 4-5）与气泵装置构成了闭环，料仓内的泥料在工作时被气压驱动，从挤出头均匀挤出；二是成型阶段，即挤出头在控制系统的驱动下，将含水泥料从挤出针头排出，按照分层软件设定的路径一层一层地堆积到构建平台上，进而形成泥坯初坯造型；三是素烧与釉烧成型阶段。打印成型的泥坯需要经过干燥箱烘干脱水，窑炉低温 800℃ 素烧，施釉，窑炉高温 1240℃ 以上釉烧成瓷等阶段，最后才能获得完美的陶瓷产品。

图 4-5　罐装好的泥料　　　　　　图 4-6　挤出头组成

陶瓷 3D 打印机是陶瓷直接成型的关键设备，它由核心部件挤出系统、主板与驱动控制系统、气泵与给料系统、步进电机以及物理框架等部分。

1. 挤出系统

挤出头（图 4-6）部件是整个挤出系统的核心，它是由电机、螺旋丝杆、尼龙套与挤出针头组成，电机受控于整个系统，以符合工艺要求的旋转速度控制给泥量；挤出针头分为 5.0mm、3.0mm、1.5mm、1.2mm、1.0mm、0.8mm 等多种。

2. 主板与驱动控制系统

驱动控制系统是陶瓷 3D 打印机的重要组成部分，犹如人体的大脑及神经系统，负责控制 3D 打印机的各个运动部件，是实现精确 3D 打印的重要保证。

陶瓷 3D 打印机的驱动控制系统包括系统主板，X、Y、Z 轴步进电机驱动板及步进电机、挤出头驱动板等。系统搭载的主板芯片负责执行控制程序，接受并解码从主机或 SIM 卡传递出来的控制指令文件，产生控制信号并发送给步进电机驱动板、挤出头驱动板等部件，进一步控制 3D 打印机的各个运动部件。X、Y、Z 轴步进电机驱动板从系统主板接收控制步进电机工作的脉冲信号（Step 信号）及方向信号（Dir 信号），并将其转化为步进电机的角位移信号，而后将角位移信号传送至步进电机来实现 X、Y、Z 轴上的运动控制。挤出头从主板接收到的控制信号，控制和调节挤出头电机，输出符合工艺要求的转速和功率，驱动含水陶瓷泥料从挤出针头均匀挤出。

3. 气泵与给料系统

气泵为泥料从料仓的挤出提供动力，通常情况下，由气泵气压输入，经过导气管，连接料仓，再经过导泥管连接挤出头，这些构件一起组成了一个单向的泥料输出链。

图 4-7　陶瓷泥料输出单向链

4. 物理架构

陶瓷 3D 打印机主要以型材搭建的长方体为主承力结构，底板下方为主机芯片位置，外置显示屏用于旋转按钮操控，具体如图 4-8 所示：

1——泥土挤出头电机；

2——泥土挤出头组件；

3——检测装置；

4——机体支撑板；

5——开关与电源插座；

6——SD 卡槽和 USB 接口；

7——挤出头排组；

8——导泥管；

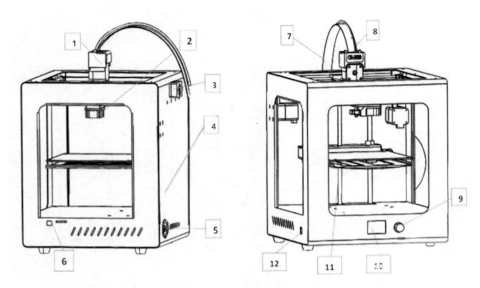

图 4-8   陶瓷 3D 打印机结构示意图

9——旋转控制按钮；

10——显示屏；

11——Z 轴旋杆；

12——复位开关（副开关）。

三   陶瓷 3D 打印应用软件

陶瓷 3D 打印过程中，打印机挤出头是按照 G 代码的指令完成走位，G 代码的生成是在切片软件中完成。通常使用的切片软件有 CraftWare、Simplify 3D、Repetier、Blender、Cura、Slic3r 以及一些 3D 打印设备厂商独立研发的切片软件，比如 MakerWare、弘瑞、地创三维切片软件；有的切片软件。下文将以 Simplify 3D 应用软件为例进行论述。

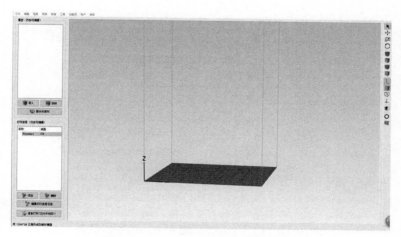

图 4-9　Simplify 3D 应用软件截屏

Simplify 3D 应用软件是德国 German RepRap 公司研发的一款通用型 3D 打印软件，能支持很多 3D 打印机，它可以支持导入不同类型的文件，还可以缩放 3D 模型、修复模型代码、创建 G 代码并全程管理 3D 打印过程。

通常情况下，3D 切片软件具有以下功能：

1. 模型的导入与导出功能

常规的 3D 打印模型格式有 STL、STP、OBJ、PLY、3MF 等，每一种格式都有各自存储自定义的数据格式、如顶点坐标、面片的顶点索引、面片的法矢量还有颜色信息（纹理坐标），复杂的还有线的数据信息等，常规的 STL 数据格式可以满足绝大多数的用户，例如 STL 格式，有二进制和 ASCALL 格式，分别对应不同的读取方式。图 4-9 就是 Simplify 3D 软件以 STL 格式二进制形式导入的胡巴数据。

2. 模型渲染功能

OpenGL 是软件内模型渲染必须用到的工具之一，很多三维软件的渲染

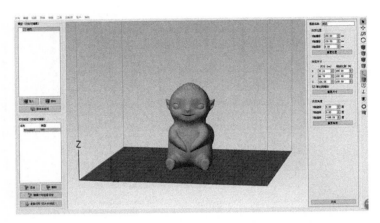

图 4-10　以 STL 格式二进制导入的胡巴数据

的基本库都是基于 OpenGL 构建的，例如 Unity 3D，Zbrush 等。随着三维技术的发展，越来越多的平台支持 OpenGL 数据开发，之前模型渲染时会造成数据传输延迟，效率较低，现在使用 VBO（顶点数组）方式后，渲染效率得到提升，也解决了渲染的卡顿问题，尤其加之 FBO 离线渲染方式的采用，使得 OpenGL 的生命力更加强大。

　　OpenGL 还有一个更加强大的功能是 GLSL 着色器，可以自定义各种各样的着色器，顶点着色器、细分着色器、几何着色器、片元着色器，将各个渲染过程进行管线管理、组装完成自己想要的效果，提供更加灵活的编程方式，大大提升了三维渲染引擎的开发效率、完成更加强大的渲染功能、如粒子群系统等。

　　模型渲染技术涉及照相机、世界坐标系、相机坐标系、灯光、材质、纹理等各方面的基础，要理解各种概念才能渲染出一个友好的界面，这都需要不断地摸索研究，需要尝试各种数据的矩阵变换。

3. 模型刚性变换、平移、旋转与缩放功能

模型刚性变换涉及矩阵运算相关知识，在 Open GL 体系里，主要涉及的

图 4-11　旋转、比例、移动操控菜单

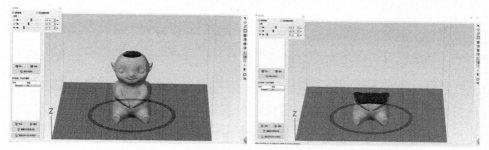

图 4-12　分层设定的不同截面预览

矩阵是：视图矩阵，模型变换矩阵，透视矩阵，其中模型变换矩阵就需要用到平移、旋转、缩放的累加。在世界坐标系下的所有操作，都会经过模型视图矩阵、透视矩阵、裁剪矩阵转化到二维屏幕坐标，显示在窗口之上，同理，窗口之上的所有操作可以通过逆过程映射到三维坐标系中的数据，以进行相关的交互，如模型上面片的选取，点击等操作。

4. 切片功能

陶瓷 3D 打印的切片就像是对待加工模型的"CT 扫描"，即电子计算机断层扫描，把模型的某一部分的截面按照顺序扫描出来。切片软件就是把一个模型按照 Z 轴的顺序分成 n 个截面，然后把每一层打印出来，每一层都可以设定固定的厚度，比如陶瓷 3D 打印以挤出针头直径为厚度参数，可以是 0.8mm、1mm、1.2mm 等，最后所有的 n 层一起堆叠起来形成立体的实物模型，这也是陶瓷 3D 打印的成型原理。

5. 支撑功能

陶瓷 3D 打印成型过程是通过逐层打印堆积成型，层与层之间是连续的，由于模型在某些地方悬空，导致不能层层连续，就需要为模型提供支撑，使得模型在打印过程中层层连续，提高打印成功率。由于模型的复杂性，往往很多模型不能提供自支撑的特点，结合陶瓷泥料的自身特点，因此陶瓷 3D 打印的一个关键的功能就是支撑，合适的使用支撑会大大提高模型打印的成功率。与此同时，由于支撑也是属于材料，所以添加支撑的同时也会浪费更多的材料，再者支撑与模型接触的地方会影响模型表面的光滑度，所以在进行切片设计时需要仔细考虑，应设计自支撑的结构，尽可能少用外部支撑。支撑参数也会影响打印的成功率，如支撑时接触点太小导致支撑点力不足，导致支撑断裂模型失败，如设置过大的接触点，则导致支撑去除困难，模型表面受损严重。

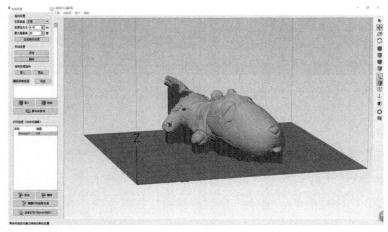

图 4-13　需要借助支撑来实现打印模型状况

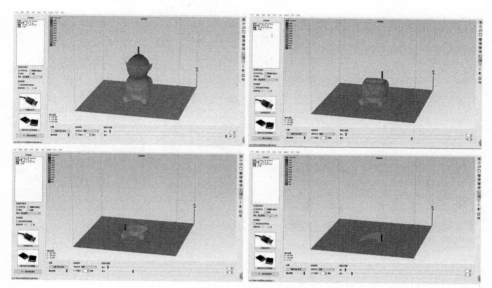

图 4-14 Simplify 3D 软件中的模型预览

6. 切片预览功能

该项功能主要观察切片的截面情况，有时可辅助检查整体打印成型的情况，主要是为二次检查错误提供辅助与确认功能。当切片后，先通过预览功能，检查悬空点、突变点，再对该部分结构添加合理的支撑，可以增大模型打印的成功率，也间接降低材料的浪费。

四　陶瓷 3D 打印直接成型方法

2014 年 10 月，意大利 3D 打印机制造商 WASP 生产了一款新型 Delta 式 3D 打印机（图 4-15），它应用 FDD 技术，设计了以自由度极高的 3 根自由连杆连接的挤出头，用于直接打印陶瓷黏土，挤出喷嘴直径最小可达 0.35 毫米。在这种沉积堆积成型的过程中，陶瓷产品依靠自身完成物件支撑，一方面极大地节省了支撑材料；另一方面大幅度提高了成型效率，在完成造型成

图 4-15 陶瓷 3D 打印直接成型并
完成釉烧的"菠萝杯"（1320℃）

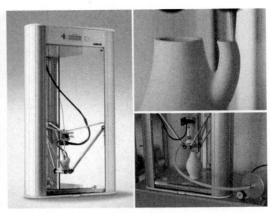

图 4-16 Delta 式陶瓷 3D 打印机挤出成型

型后，可入窑烧制成瓷。

陶瓷 3D 打印直接成型方法应用流体计量与沉积（FDD）技术，借助陶瓷 3D 打印机，以高密度陶瓷泥浆为挤出材料（具有较强的塑性和黏性，易成型），按照 G 代码设定的路径，最终完成创意设计作品的沉积成型，它的技术流程包括以下几个阶段：

1.创意设计

每一个新产品的设计，一般都需要经过创意设计这一过程，它主要是考虑人们对未来的产品形态设计期待，是一种开放性的构思，创意设计的目的就是在产品开发的前期，对其将要进入市

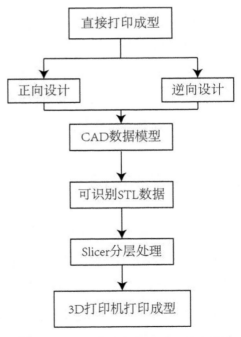

图 4-17 陶瓷 3D 直接打印成型技术路线图

场的新产品、新技术、新设计进行全方位的检验与论证，提出新的功能和创意，探索解决问题的方案，同时可为将来新产品的设计、生产、广告宣传和上市销售做好准备；对于陶瓷产品设计而言，创意设计是从多角度来考量产品造型的必经阶段，需要设计师将头脑中的构思以效果图的形式表现出来。

陶瓷产品的造型设计过程是产品设计过程中最重要、最复杂的阶段，同时也是最活跃、最富于创造性的设计阶段。一般情况下，设计师在进行创造性思维的过程中，总是在已有经验和知识的基础上，根据用户的产品需求，按照一定的、有规律的设计步骤和流程，再结合贯穿始终的想象力与灵感，设计出符合用户需求的陶瓷产品概念方案。陶瓷产品的造型设计过程实际上是头脑风暴、设计策略、设计方法与生产技术的整合。

通常情况下，陶瓷产品的创意设计是从识别客户需求开始，到建立概念模型结束，这个过程通常包括以下活动，如图 4-18 所示。

图 4-18　陶瓷产品的创意设计阶段

2. 计算机辅助设计

计算机辅助设计是以计算机中的数据模型表现创意的手段，它可以是正向的过程，也可以采用逆向的方法完成。

以毛绒玩具狗的逆向设计过程，论述其从毛绒玩具到计算机数字化模型的完整过程。计算机中的数字化模型的建立过程，实际上就是将实物产品通过精密的测量转变为电脑中可识别的关键点或者点云，通过对点云的数据处理，重新构造轮廓产品模型，如图 4-19、图 4-20 就是从玩具到数字化模型的数据处理过程。

在数字化模型的处理过程中，应用了数字扫描技术，将毛绒玩具进行了光学高精准的测量，在点云数据的基础上，重修构建生成数字化模型。所用

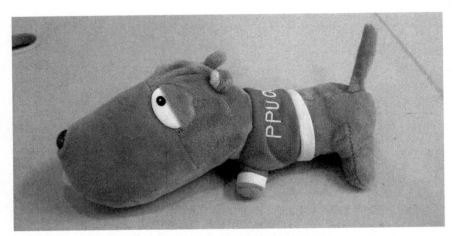

图 4-19　毛绒玩具狗的物理模型

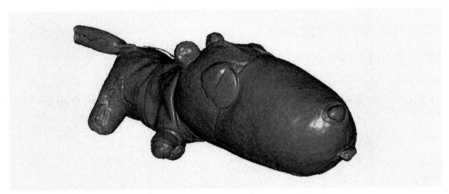

图 4-20　毛绒玩具狗的数字化模型

的为非接触式光学扫描仪为 Shining 3D 品牌的 EinScan-SE 型号，然后再使用 EinScan-S 软件完成对数据的初步处理，存储为 STL 文档格式，并用于传输到分层软件中，进行分层处理。

　　数字化模型的表达是通过逆向三维建模，在计算机中虚拟出空间关系，并且通过参数的修改，反复推敲产品的形态和结构，它的目的是如实地表达设计观念和想法。逆向设计方法的应用，可以根据产品的特征选择更加贴切的建模方法，也是结合了陶瓷产品设计的手工艺特点，能将已经完成的艺术作品的创作，最真实地映像于计算机中，进而为分层奠定造型的数据基础，有利于提升设计效率，也有利于艺术设计作品的批量化。

3. 导入分层软件，完成参数设置，并生成 G-code 代码

如前文所述，分层软件的参数设置是直接决定了陶瓷 3D 打印机挤出头的位置坐标。陶瓷 3D 打印模型的质量，最大程度上取决于切片分层的质量，Simplify 3D 是目前较为常用的分层软件，它可以完成挤出头走位的一系列参数设置，并以此控制陶瓷 3D 打印模型堆积成型过程。具体设置如下：

（1）挤出头参数设置面板。

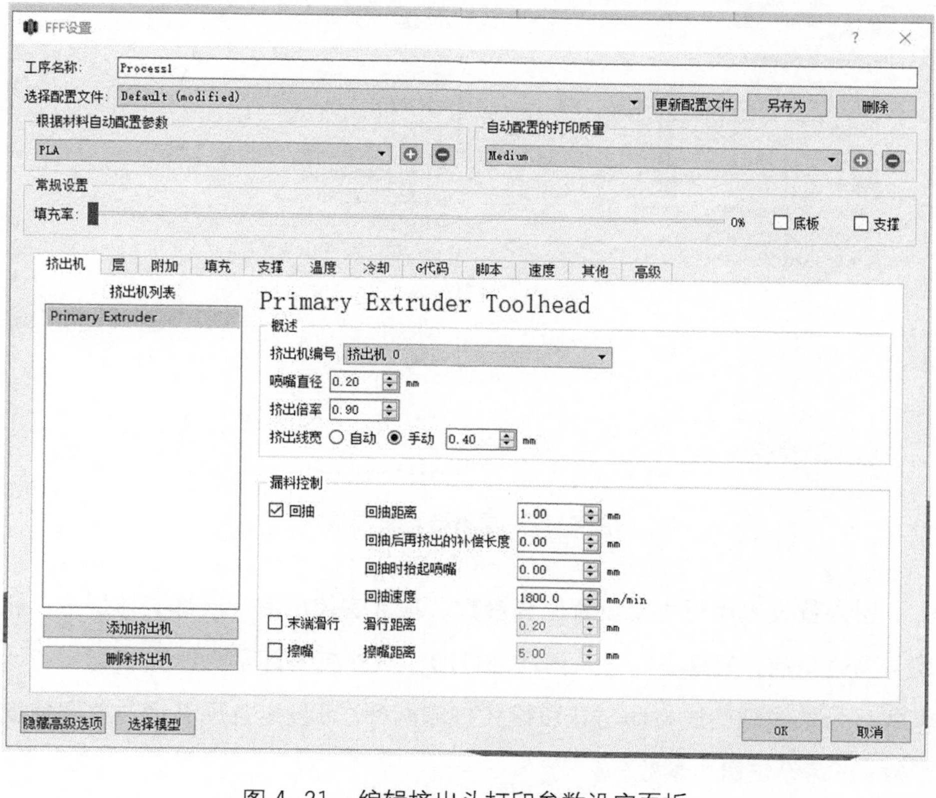

图 4-21　编辑挤出头打印参数设定面板

该面板参数设定可以配置材料，挤出陶泥材料选择 PLA；可设定填充率，

是否包含底座以及生成支撑等参数；可设定挤出针头直径，挤压倍率，挤压宽度等参数；可设定回调参数，包括每次回缩的距离，额外的缩进距离，回缩垂直提升以及回缩速度等参数。

（2）层参数设置面板。

图 4-22　层参数设置面板

层参数设置面板主要设置层高参数、顶部实体层数、底部实体层数、轮廓与周边壳数，轮廓方向（从内向外打印、从外向内打印两种）；可设定打印模式，分单线螺旋线打印与花瓶模式打印两种；可设定首层高度与首层速度参数；还可设定裙边参数。

（3）填充参数设置。

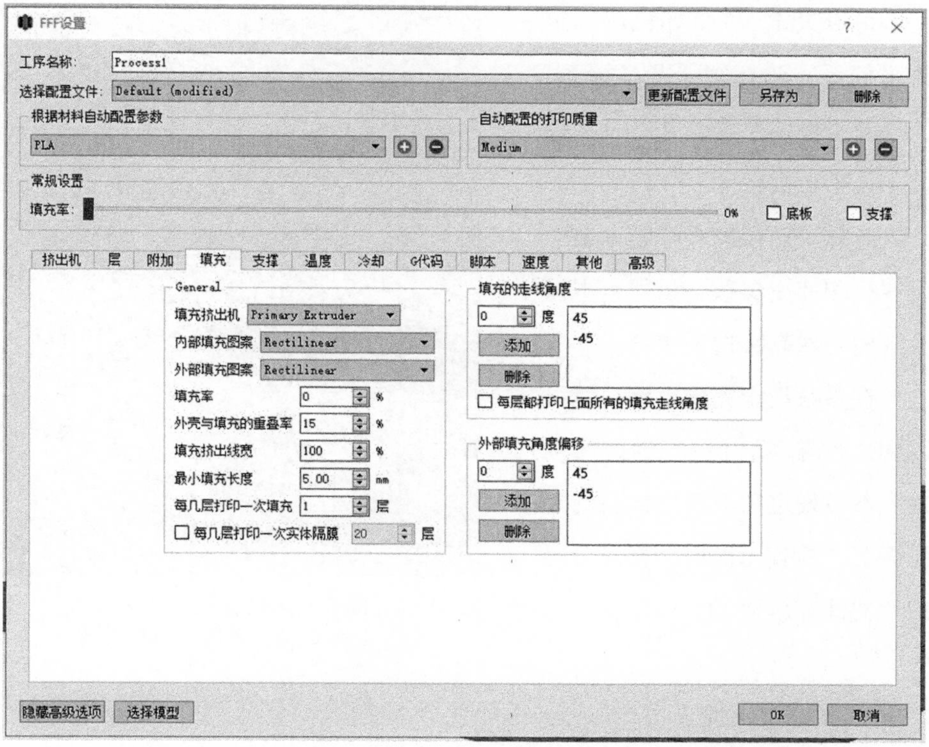

图 4-23　填充参数设置面板

填充参数设置中可以选择外部填充图案模式，有三角形填充、矩形填充、网格填充、蜂巢状填充等形式；可设定填充率比例参数；可设定最小填充长度，随机填充位置，是否打印隔膜等参数。

（4）支撑参数设置面板。

该面板可设置是否产生支撑；可单独设定支撑的填充率，额外的膨胀距离；是否只用手动支撑定义，支撑支柱尺度，最大悬角等参数；对于分离的部分，可设定上下垂直分离层数。

（5）温度设置。

可以设定温度控制类型，挤出机的挤出温度，平台温度等。

（6）G 代码面板设置。

可以设定 3D 打印机所选定的坐标系，包括笛卡儿坐标系、三角洲坐标体系等，并进一步设定工作平台的尺寸。

此外，还可以在控制面板中设置打印速度参数、机器脚本以及其他一些高级选项参数。

在参数设定完成以后，就可以切片预览了，检查 3D 打印机按照参数设定后，挤出针头的走位情况，检查无误后，将其分层切片文件存放在 SD 卡中。

图 4-24　陶瓷马桶截面模型的内部填充（上图为 15% 比例；下图为 30% 比例）

4. 直接打印泥坯成型

在分层软件中，计算机数据模型被转化为用于记录挤出针头路径的 G-code 代码，接下来的阶段就是打印机读取 G-code 代码，打印泥坯初型。

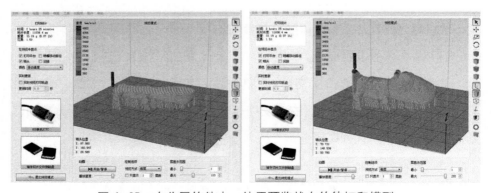

图 4-25　在分层软件中，处于预览状态的待打印模型

陶瓷 3D 打印机通过气泵压力，将泥料从仓内挤出，沿导泥管将流体泥料挤入到挤出头组件中，并保持均匀的气压以驱动泥料，保持泥料挤出的连续性。

陶瓷 3D 打印机是通过挤出组件完成出泥沉积成型，它是通过控制系统控制步进电机脉冲数，进而实现挤出头螺旋丝杆与步进电机匹配的可控旋转，并由于气压的持续推动，导致泥料沿着螺旋丝杆均匀向下输送至针头，后排出沉积在平台上形成

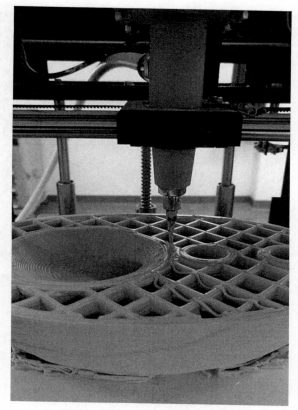

图 4-26　陶瓷 3D 打印沉积成型

均有的泥条，最终实现泥料的逐层叠加成型。

在持续输出泥料的同时，G-code 代码还会通过回抽参数的设定，促使螺旋丝杆反向转动，进而控制泥料断开，最终实现空行程且不漏料。

5. 素烧与施釉

经过陶瓷 3D 打印沉积成型的产品，需要烘干与素烧脱水阶段。沉积成型的陶瓷产品在初坯阶段质软，造型不易控制，因此需要素烧工艺，脱去水分，提升坯体造型强度。

素烧是指先烧陶瓷生坯的一道工序。陶瓷产品可以采用二次烧成，先素

图 4-27　电炉 900℃素烧

烧器坯，然后施釉再次入窑烧成，采用素烧方法的目的是增加坯体的机械强力，施釉破损率地，利于薄壁产品的制作，同时吸水性更强，吸釉均平滑光润，且一次烧成，不易损坏。坯体经过 900℃的素烧脱水，可以挥发掉坯体中的有机物质和水分，部分盐类也已经分解，这样更有利于釉烧，回避坯体表面生成的桔釉、针孔、气泡、熔洞等缺陷，也是提高釉面质量的重要措施。在正品素烧坯上施釉，不致因浸湿而散裂，可提高正品率、降低废品和次品率。

　　此外，坯体素烧后可以发现半成品的很多质量缺陷，提前处理或返工，这样做能提高釉烧的成品率。

6.高温釉烧

经过素烧的坯体施釉后，再入窑焙烧称为釉烧。釉烧是整个陶瓷制作最后的步骤，其装窑方法和素烧不同，由于釉在高温时处于熔融状态，坯体与坯体之间不可以重叠、相接，否则造成粘连，无法达到预期效果。釉烧的温度与釉的种类与泥坯密切相关，不同温度的釉与泥坯不可以安排在同一窑烧制。

釉烧前应注意检查坯体底部，确定将底足的釉擦拭干净，否则在高温熔融时坯体将会与硼板粘连，导致无法分离；用来作隔板的耐热硼板，应在底面涂刷一层由氧化铝和高岭土各半的混合料，以防止坯体流釉，进而造成硼板损坏；装窑时，应注意同一高度的坯体在同一层，并且彼此之间留有空隙，防止粘连，也有利于空气流动；窑内空间装坯时应保持疏密一致，留有余地；最后，釉烧还要考虑到炸坯等极端情况，尽可能地减少损失，应在装窑时认真统筹。

高温釉烧在最初阶段是慢慢升温，电窑、气窑升温时应略开窑门 5cm 左右，以便窑内坯体的水分蒸发并排除。再经过 2—3 小时后，温度约 300℃—400℃时，关窑门，并继续升温。当温度超过 600℃时，可加速升温，待温度达到罩釉熔解时（通常约为 1240℃—1300℃之间），待釉烧完成，可以停火或恒温 20—30 分钟再关火，至自然冷却到常温。

开窑时，釉烧完成坯体仍处于高温状态，不能降温过快，否则窑内遇冷急速下降，容易造成缩釉或炸坯。窑门应保持逐渐开启，至常温时才能出窑。

五　常见故障与排除

陶瓷 3D 打印机需做好日常关键部件的保养工作，但仍会在工作中会出现故障，需要技术人员及时发现并排除。常见的故障如下：

1. 陶瓷 3D 打印机工作状态时无法出泥

检查气泵是否处于开启状态；检查气泵的压力是否过低，一般给气压力设定在 5Pa 左右；检查陶瓷 3D 打印机是否选择了待打印的数据文件；检查导泥管是否堵塞；更换泥料。

2. 挤出针头出泥量少

检查导泥管是否有漏泥情形；检查导气管是否有漏气情形；检查气泵压力是否过小；检查打印速度设置，应降低挤出头运行速度；挤出速度过低，应加快挤出头步进电机转速；检查分层切片设置问题。

3. 挤出头运行速度不正常

检查控制面板，是否将打印速度调整过大；检查分层切片软件设置；检查驱动电机运行状况。

六　陶瓷 3D 打印直接成型案例

电影《捉妖记》2015 年上映，一只名字叫作胡巴的 Q 弹的"萝卜"呆萌了整个夏天，婴儿般的体态、一颦一笑的娇态令人印象难忘，荧屏上塑造的影视形象受到不同人群喜爱，尤其小朋友们更是怜爱有加，胡巴题材的相关文创产品也在市场上，下面将以影视衍生与文创产品——陶瓷胡巴为例阐述陶瓷 3D 打印与制作过程。

1. 创意设计并完成计算机数据模型设计

根据产品开发需求，选择胡巴原型为创意设计，选择 Rhino 软件完成数据模型设计。Rhino 软件提供的曲面工具可以精确地制作任意曲面，这些曲面可以用做渲染表现、动画、工程图、分析评估以及生产用的模型。Rhino

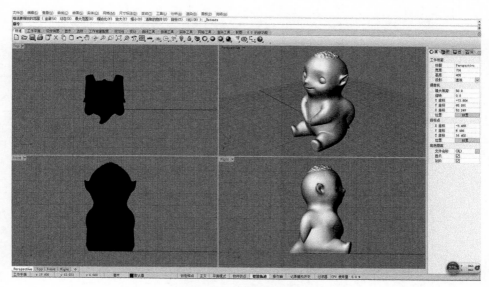

图 4-28 胡巴造型构建

软件还可以创建、编辑、分析和转换 NURBS 曲线、曲面和实体，并且在复杂度、角度、和尺寸方面不受任何约束。

胡巴造型设计以实体变换的形式，通过点编辑、曲线编辑、曲面编辑逐渐构建出计算机实体数据造型，如图 4-28 所示。

2. 分层软件切片

将计算机数据模型转存为 STL 文件，并导入 Simplify 3D 切片分层软件中，按照模型的沉积成型特点设置参数，并生成 G-code 代码文件，用于陶瓷 3D 打印机识别读取挤出针头的路径。

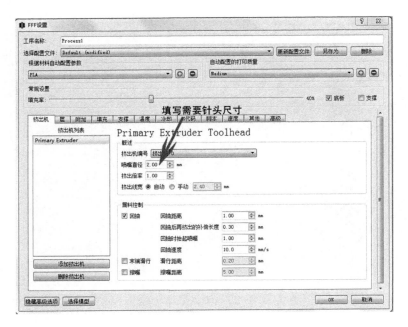

图 4-29　胡巴模型的挤出头参数设置面板

图 4-30　陶瓷 3D 打印过程中的有关层的参数设置面板

图 4-31 填充参数设置面板

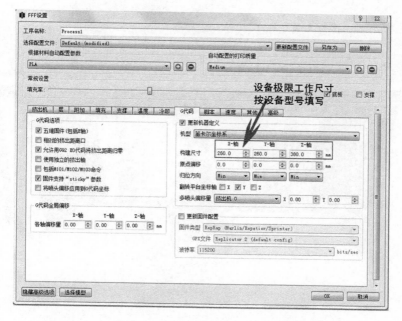

图 4-32 G-code 代码设置，需要设定打印平台的尺寸

3. 陶瓷 3D 打印直接成型

陶瓷 3D 打印沉积成型的关键步骤，打印机通过 G-code 代码识挤出针头的路径，并按照该数据文件的参数设置执行操作。

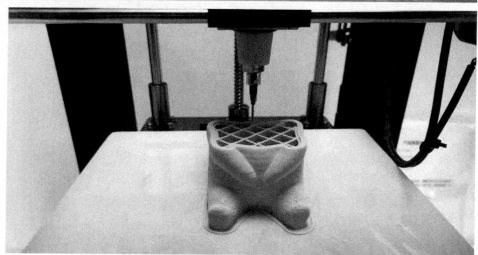

图 4-33　陶瓷 3D 打印机读取 G-code 代码，并沉积打印

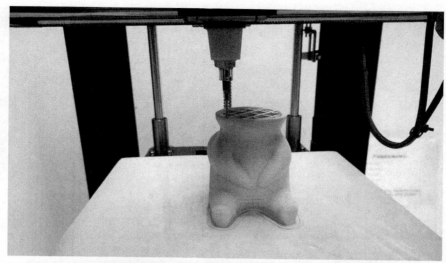

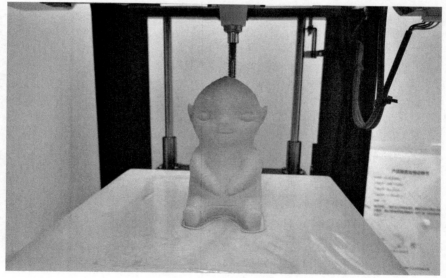

图 4-34 完成打印

4. 素烧并施釉

直接打印成型的泥坯含水量较大，为提高坯体强度，也便于施釉操作（有时生坯不挂釉），需要经过脱水干燥处理，通常入窑烧至 800℃—900℃，使其成为素坯。

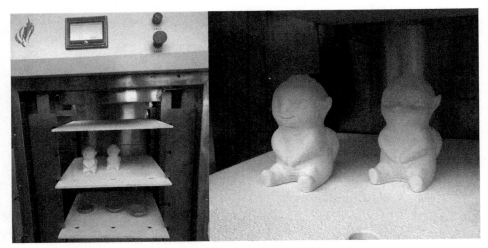

图 4-35　干燥箱内完成 750℃素烧工作

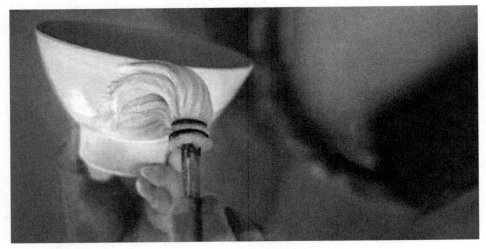

图 4-36　陶瓷素坯补水

5. 高温釉烧素

烧坯体经过施釉后便可入窑等待高温釉烧，施釉可以采用吹釉、荡釉、浸釉、涂釉等多种方式。施釉前，应注意对陶瓷坯体进行补水操作（图 4-36），补水前应先清扫、吹净坯体内外的灰尘杂质等，并用特制的补水笔蘸清水刷抹。补水时应注意保持水的清洁，经常换水，防止水中沾有油渍、污物或杂

图 4-37 施釉后的陶瓷坯体入窑

图 4-38 釉烧温度控制面板

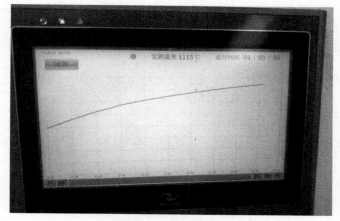

图 4-39 微波窑炉高温釉烧的温度控制曲线

质。这样做,一方面可使陶瓷坯面更加平整、光顺,消除陶瓷 3D 打印机挤出针头的成型痕迹,除去吸附在坯体表面上的坯屑、粉尘等杂物,减少高温时产生釉面缺陷的可能性;另一方面通过补水还可以发现坯体中隐藏的气孔、裂缝等现象,及时修复陶瓷泥坯,提高成品率。未经补水的陶瓷坯体在烧制过程中,往往会出现麻点、针孔、缩釉、炸裂、破损等现象,不利于陶瓷生产。

第五部分

陶瓷 3D 打印与审美

陶瓷 3D 打印设计本质上可归于数字化艺术设计范畴，它是利用计算机开展的，数字化艺术设计产品能够借助特有的艺术形式向外界传递作品的深刻含义，展现美学属性以及内在价值。与数字化艺术设计略有不同，陶瓷 3D 打印设计将虚拟的、视觉的电脑设计的产品借助陶瓷 3D 打印机，物化为新的产品形式，这些产品不但具备了数字化审美特征，而且兼具实物属性，既具有设计的形式美感，也有技术与材质之美。

一　设计之美

数字化设计与增材制造技术的应用，是陶瓷产品设计领域的优势之一，与传统设计方法相比，数字化设计在效果图制作、首版模型制作、设计修改

图 5-1　正在打印的数字化花瓶（Minerva Juolahti 作品）

等方面具有效率高、周期短的特点。参数化设计特征使得陶瓷产品开始显现出与传统工艺的不同之处，主要体现在以下几个方面：

1. 造型

参数化的造型与常规造型不同，它通常是在更加自由的空间曲线的基础上建构空间曲面，以重复、叠加、组合、旋转等方式表现出作品的现代感，从而全方位、多角度提升作品美感。

与传统常量的设计不同，参数化的设计实际上是建立在变量基础上，利用构建出的已知关系建立复杂的数字模型，这种造型设计来源于变量设计方式，为模型造型修改提供了极大的方便，也可以由此设计出一系列风格相同的不同造型作品。

造型美通常是指产品或设计作品的形体之美，它是人类社会实践发展到一定阶段后的必然要求。人类从事生产劳动之初，便根据实际需要制作或改变自然对象的外观，如打磨石器工具、制造尖底陶器、装饰纹样，以满足实

图 5-2 造型各异的同系列陶瓷 3D 打印的艺术设计作品

用与精神需要。陶瓷 3D 打印作品的造型通常具有形式美感，基于计算机设计完成的产品的数字化特征，通过空间复杂曲面的变化表现出虚实的节奏感，这种内容与形式的完美结合，会营造出多样、新颖、动人、独特的感受。陶瓷 3D 打印设计完成的作品通常应用参数化设计方法，它是以参数化设计理论为基础，数

图 5-3　具有严谨逻辑关系的陶瓷 3D 打印作品
（Unfold Design Studio 作品）

字化建模计算机技术为手段，通过建构参数化的关联模型，进行的新产品创新性设计，它是应用目前已经日趋成熟的增材制造技术完成的成型任务，并

图 5-4　具有强烈韵律感、节奏感的陶瓷 3D 打印造型（Olivier van Herpt 作品）

根据增材制造技术的直接成型的特点，采用逐层叠加累积至完成造型工作。这些利用严密逻辑公式构建出的形态均带有强烈的数字化特征，最终生成的陶瓷 3D 打印作品则无不体现出数学之美、几何之美。具有造型美的作品兼具再现与表现的功能，也密切联系着独特鲜明的形象。陶瓷 3D 打印作品的造型语言非常丰富，可以体现在尺度、形体、比例、均衡、节奏、韵律等方面。

2. 表面装饰

陶瓷器为人造物，是为满足使用与自身发展的需求所创，它不但代表了人们的物质实用、精神需求状况，还反映出人们对美好生活的追求、对美丽事物的向往。最初是手捏、刮削、木板拍打等留下的无规则痕迹，逐渐发展成为有规则、代表一定意义有内涵的纹饰以及装饰元素；器物的表面装饰手法也从最初的布纹印制、划刻逐渐发展为手工精心绘制，反映了工艺技术的进步。

传统意义上的装饰，多为在主体表面采用捏、雕、刻、划、堆、绘等手法完成。捏是指徒手捏制造型，并粘接于胎体之上，常见的有捏花工艺等；雕是使用工具或徒手在胎体表面完成塑形、镂雕等工艺；划是指使用工具于

图 5-5　陶瓷 3D 打印灯具及其表面装饰局部

坯体表面划花装饰，是宋代常见的工艺手法；刻是指常见的剃花、半刀泥等工艺；堆是指堆雕工艺；绘则包括坯体表面青花绘制、釉上粉古彩绘制等手工技艺。与传统装饰手法不同，陶瓷 3D 打印的表面装饰手段较为单一，它主要依靠 3D 打印机，按照数字化设计模型，完成路径扫描并堆积出一定的形状，从装饰效果上看，造型即为装饰，也就是说，挤出头将陶土按照造型特征附着于造型主体表面，对整个作品

图 5-6　具有独特"造型装饰"的陶瓷 3D 打印花瓶（Bold Studio 作品）

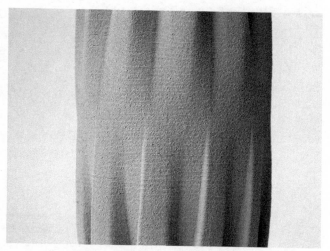

图 5-7　带有陶瓷 3D 打印丝痕与造型特征的花瓶表面装饰效果（Olivier Van Herpt 作品）

起到了装饰作用。通常情况下，陶瓷 3D 打印完成的作品不再进行额外装饰，可以直接施釉烧成，极大地提升了制瓷效率。不同于传统陶艺中造型与装饰的分立，陶瓷 3D 打印领域里，造型与装饰开始逐渐走向统一。

3.釉色

釉是陶瓷产品区别于其他产品的最特别之处，它能够增加陶瓷制品的强度、热稳定性，还有美化器物、便于拭洗、不被尘土侵蚀的特点。釉是覆盖在陶瓷制品表面的无色或有色的玻璃质薄层，不同的釉有不同的颜色，釉的颜色被称为釉色，开始釉色比较单一，但随着科技进步与瓷业发展，逐渐出现多种色釉。釉浆被均匀地施于坯体表面，经过一定温度煅烧，釉料与泥料结合产生丰富的层次变化，进而体现出独特的釉色之美。陶瓷 3D 打印通常

图 5-8　陶瓷 3D 打印色釉作品（Kate Blacklock 作品）

图 5-9　青花料随泥料一同挤出，形成了径向渐变的效果（Olivier Van Herpt 作品）

施透明釉或青釉，目的是显现出机器打印所呈现出的机械美学，表现陶土逐层叠加的速度、层次与韵律感。

二 技术之美

传统制瓷工艺过程需要经过练泥、成型、装饰、施釉、窑烧等数十种复杂工艺，依赖从业者的经验完成，因而成品率较低，成品的周期较长。陶瓷 3D 打印则是依赖电脑设计、依靠陶瓷 3D 打印机成型，新技术的应用与设备的可靠性均优于传统制瓷工艺，极大地提升了设计与制作效率。

陶瓷 3D 打印机则采用 FDD 技术，含水量大的泥料挤出沉积打印成型。在制作作品的过程中，首先需要用计算机辅助设计软件建模；然后使用切片分层软件进行切片，生成打印机可识别的 G-code 代码；最后再由陶瓷 3D 打印机将陶瓷泥料通过设备挤压入挤出针头，挤出头沿着产品的分层切片的路径信息，逐层挤出截面轮廓并填充，经过多层堆积叠加，与周围的材料粘结

图 5-10 打印中的陶瓷 3D 作品

141

成最终产品的外观实体造型，整个制作过程体现了强烈的技术优势，给人无限的工艺美感。

技术之美首先是表现于陶瓷 3D 打印过程中的形式，一方面，陶瓷 3D 工艺将数字化设计模型实体化，将数字艺术再现于空间中，拓展了成型方法；另一方面，陶瓷 3D 打印头在挤出泥料的过程中，按照 G-code 文件逐层堆积、均匀挤出，代表着机械美学的新发展。这种基于陶瓷泥料流体计量与沉积（FDD）成型工艺，在制作作品中体现出独有的韵律感，富于律动与节奏，这也再次反映出了陶瓷 3D 打印的工艺美感、技术美感。

1. 形式

陶瓷 3D 直接打印成型的作品通常具有数字化结构特点，空间曲面特征显著、变化较大，但造型特征具有规律，有时有严格的约束。陶瓷 3D 直接打印的设计作品是根据实际需求，以电脑设计模型并驱动打印机的成型过程，

图 5-11　陶瓷 3D 打印作品的丝痕形式

它省去了模具环节，是一种真正意义的"无损制造"。陶瓷 3D 直接打印的沉积成型过程中，陶土挤出头沿轮廓外壁走位，留下丝状的痕迹，这种丝痕在后处理阶段较难消除，造成了陶瓷 3D 打印技术的局限，但同时它也成为甄别陶瓷 3D 打印作品的一种新的形式符号，具有一种独特的形式美感。

由此可以看出，陶瓷 3D 打印作品的形式美感还体现在统一与变化、比例与尺度、对比与调和、对称与均衡、稳定与轻巧、节奏与韵律、过渡与呼应等多个方面。

陶瓷 3D 直接打印作品具有的强烈的形式美感，这种形式美感与增材制造技术密切相关，它是一种建立在数字化设计艺术基础上的，理性的美，也是动态的美，通达至"气韵生动"的美学最高境界。与此同时，陶瓷 3D 打印工艺技术可实现精

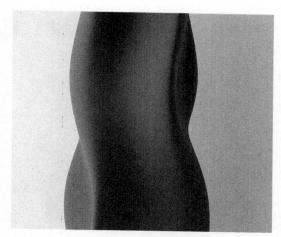

图 5-12 节奏与韵律感突出的陶瓷 3D 打印作品局部

图 5-13 彰显统一与变化的陶瓷 3D 打印作品局部

图 5-14 比例、尺度不同的陶瓷 3D 打印作品共同展示（GCODE.CLAY 作品）

图 5-15　表现出过渡与呼应的陶瓷 3D 打印作品（Timea Tihanyi 作品）

图 5-16　陶瓷 3D 打印作品外壁装饰为无规则随机产生的纹样，但同时具
备可复制性

准复制、个性化定制，这使得应用陶瓷 3D 打印技术制得的陶瓷产品体现出规整的一致性，充斥着秩序感。陶瓷 3D 打印机就好像陶艺家手中的泥塑工具，可以制作出具有机械美学、富于动感的全新作品，这些作品是传统手工艺无法完成的，在精准度、完整度、一致度等方面占尽优势。它凝结了人类智慧的成果，拓展了设计的无限可能性。

2. 结构

陶瓷 3D 打印机可以打印柱状薄壳、实体以及一定比例的填充实体。由于这些数字化的造型源自电脑设计，特别是一些复杂的内部结构，也就自然而然地超出了传统手工成型的范畴，是对空间复杂造型成型工艺的有力拓展。

传统复杂造型多依靠拉坯、印坯、注浆等方法完成坯体成型工艺。拉坯借助拉坯机，依靠泥团自身力量支撑成为同心柱状实体；印坯和注浆成型虽强度较高，但仍需要先制作模种，再应用模具成型技术，这增加了制作成本、

图 5-17　陶瓷 3D 打印机打印薄壳花瓶　　　　图 5-18　内部部分比例填充

图 5-19　陶瓷 3D 打印机技术制造出的复杂造型作品

降低了效率，可见传统方法但对于复杂造型往往变得束手无策，而陶瓷 3D 打印机则可以直接打印成型，实现复杂空间实体或曲面的操作。

3. 功能

陶瓷器产生于器皿的实用性，同时还兼具了一定的审美，它与金银器、玉石器、青铜器相比具有化学性质稳定、釉面光滑、色泽亮丽、易清洗、易成型的特点，兼具美观属性。同时，它还易于组织大规模的生产，能够满足

图 5-20　精美的陶瓷 3D 打印产品也具有使用功能

图 5-21　具有使用功能的陶瓷 3D 直接打印成型面盘（张明春作品）

人们数量需求。陶瓷 3D 打印产品不但具有上述的审美功能，还具有必要的使用功能。

陶瓷 3D 打印技术是基于电脑中数字模型完成的，可以保证每个产品的精准度，产品的精准度又作为产品功能实现的前提，参与到批量化具有使用功能的陶瓷 3D 打印产品的生产制造中，以确保产品的一致性与通配性。

图 5-22　陶瓷 3D 打印制成的绿植花盆

三　材质之美

陶瓷材质质地坚硬，物理性能稳定，釉色鲜艳、透明，给人以清丽感受，具有独特的审美语言。传统手工制瓷工艺与陶瓷 3D 打印技术应用较为广泛，前者多在现代陶艺领域，后者多用于生活陶艺领域。对于设计师来说，陶瓷

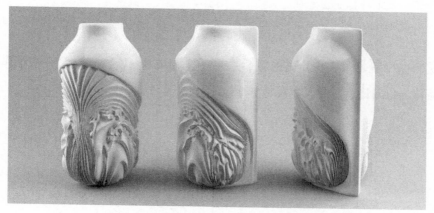

图 5-23　质地雪白的陶瓷 3D 打印花瓶（Eragatory 作品）

图 5-24　造型各异的陶瓷 3D 打印生活摆件（Jonathan Keep 作品）

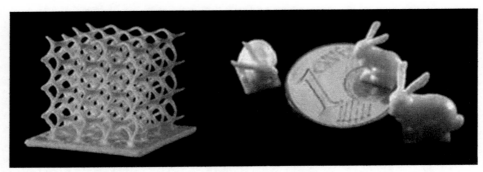

图 5-25　奥地利 Lithoz 专利 LCM 技术打印出高精确度、高密度、高强度，具有精致
细节的陶瓷制品

材质的选择就是审美拟定的过程，借助手工与陶瓷 3D 打印技术，赋予作品
以独特的材料语言，并传达给观者，就达到了发挥陶瓷审美属性的目的。

第六部分

陶瓷 3D 打印未来

　　党的十九大报告将生态文明建设作为中华民族永续发展的千年大计，绿色发展被提升至新的战略高度。习近平总书记在全国生态环境保护大会上指出，绿色发展是构建高质量现代化经济体系的必然要求，是解决污染问题的根本之策。

　　作为国民经济的支柱，制造业发展在为我国乃至全球创造物质财富的同时，也带来了大量的能源资源消耗和污染物排放。从一定意义上讲，只有全面推行绿色制造，减少工业发展带来的生态环境影响，才能加快我国绿色发展步伐，推进生态文明建设进程。

一　绿色制造理念

　　绿色制造技术是指在保证产品的功能、质量、成本的前提下，综合考虑环境影响和资源效率的现代制造模式。它使产品从设计、制造、使用到报废整个产品生命周期中不产生环境污染或环境污染最小化，符合环境保护要求，对生态环境无害或危害极少，节约资源和能源，使资源利用率最高，能源消耗最低。

　　绿色制造模式本身是一个闭环系统，也是一种低熵的生产制造模式，即原料——工业生产——产品使用——报废——二次原料资源，从设计、制造、使用一直到产品报废回收整个寿命周期对环境影响最小，资源效率最高，也就是说要在产品整个生命周期内，以系统集成的观点考虑产品环境属性，改变了原来末端处理的环境保护办法，对环境保护从源头抓起，并考虑产品的基本属性，使产品在满足环境目标要求的同时，保证产品应有的基本性能、使用寿命、质量等。

1. 从绿色制造到城市工厂

传统的产品设计，通常只需要考虑产品的基本属性，如功能、质量、寿命、成本等，很少考虑环境属性。按照这种方式生产出来的产品，在其使用寿命结束后，回收利用率低，资源浪费严重，毒性物质甚至能够污染生态环境。绿色设计则是要求在设计的初期就将环境因素和预防污染的措施纳入到产品设计之中，将环境性能作为产品设计的目标和出发点，力求使产品对环境的影响达到最小。从这一点来说，绿色设计是从可持续发展的高度审视和重视产品的整个生命周期，强调

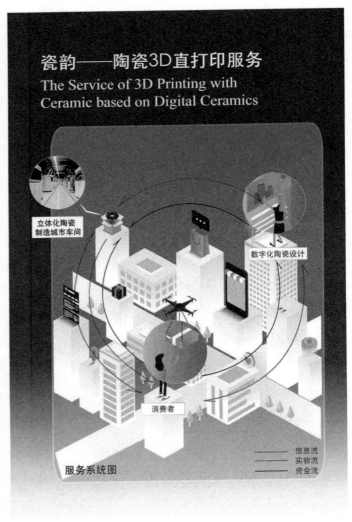

图 6-1　城市工厂最终实现无损制造

在产品的开发阶段，按照全生命周期的观点进行系统性的分析与评价，消除潜在的、对环境的负面影响，力求形成"从摇篮到再现"的过程。绿色设计主要可以通过生命周期设计、并行设计、模块化设计等几种方法实现，其中最先进的是 3D 打印技术来实现绿色设计，再到绿色创造的过程，如图 6-1，提出的基于陶瓷 3D 打印技术的城市工厂的概念。

这种新型的绿色城市工厂，是基于 3D 打印机直接成型建立起来的。它们大多分布在城市周边，设定为城乡居民服务的目标，当有订单下派时，城市工厂即可按照定制化需求完成增材制造工作，并将最终产品派送到用户手中，既节省了物流成本，又满足了用户的个性化需求，更重要的是，从环境的角度看，这种卫星式的城市工厂是真正意义上的无污染工厂，是真正意义上的无损制造，具有绿色创造的未来概念。随着陶瓷 3D 打印技术等增材技术的成熟与应用推广，这种具有未来概念的绿色工厂也会遍布在城市周围，更好地为用户提供优质的服务与体验。

2. 绿色产业的发展机遇

近些年，由于大力推进绿色制造，越来越多的企业参与绿色制造的热情不断提高。我国各地方立足各自制造业发展的实际，逐步营造氛围，不断创新体制机制，创造除了绿色制造氛围，这其中，除了地方政府引导之外，还需要发挥出地方行业协会、研究机构、产业联盟等第三方机构的作用，大力宣传绿色制造理念及相关政策，引导企业生产绿色产品、创建绿色工厂、打造绿色供应链。为尽快提高我国制造业绿色发展水平，加强对企业较为陌生的绿色供应链的宣传及支持力度。

重点引导龙头制造企业、大型零售商、大型购物平台打造绿色供应链，依靠它们的行业影响力和带动性，以大带小、以点带面，全面提升产业链绿色化水平。

完善标准体系。工业和信息化部与国家标准化管理委员会正在按照《绿色制造标准体系建设指南》要求，组织编制与绿色制造相关的国家标准、行业标准及团体标准。国家层面标准制定周期长，而且较为宏观，因此地方政府也应出台各自的地方性绿色制造标准。在制定标准时，应分阶段、分层次，逐步推进。例如，现阶段可重点构建以污染排放、节能等强制性标准为主，节水、资源综合利用等推荐性标准为辅的绿色制造标准体系。随着绿色制造实践成熟，逐步扩大强制性标准的范围并提高要求，确保产业持续健康绿色转型。

与此同时，统筹好现有节能环保标准实施，确保各地方标准的统一性，避免出现源于标准要求高低差异，而引发的重污染和高耗能企业跨区域转移问题。

完善激励机制。为调动广大企业参与绿色制造的热情，除加强宣传外，还需要健全市场化管理机制，形成稳定、持续的正向激励。一方面，从供给侧发力，给予绿色生产企业持续的政策激励，特别是加大税收减免以及放低绿色信贷、绿色债券审批门槛，使企业从绿色制造实践中受益；另一方面，从消费侧发力，积极营造绿色消费氛围，重点完善绿色采购制度，制定绿色产品清单，对政府部门提出明确的绿色产品采购比例要求并进行考核，对于其他主体的采购进行引导和激励，逐步拓宽绿色产品市场空间。

二 陶瓷 3D 打印产业发展趋势

我国高度重视增材制造产业，将其作为《中国制造 2025》的发展重点。2015 年，工业和信息化部、发展改革委、财政部联合印发了《国家增材制造产业发展推进计划（2015—2016 年）》，通过政策引导，在社会各界共同努力下，我国增材制造关键技术不断突破，装备性能显著提升，应用领域日益拓展，生态体系初步形成，涌现出一批具有一定竞争力的骨干企业，形成了若干产业集聚区，增材制造产业实现快速发展。

1. 增材制造产业发展背景

增材制造（又称 3D 打印）是以数字模型为基础，将材料逐层堆积制造出实体物品的新兴制造技术，将对传统的工艺流程、生产线、工厂模式、产业链组合产生深刻影响，是制造业有代表性的颠覆性技术。

当前，全球范围内新一轮科技革命与产业革命正在萌发，世界各国纷纷将增材制造作为未来产业发展新增长点，推动增材制造技术与信息网络技术、新材料技术、新设计理念的加速融合。全球制造、消费模式开始重塑，增材制造产业将迎来巨大的发展机遇。与发达国家相比，我国增材制造产业尚存在关键技术滞后、创新能力不足、高端装备及零部件质量可靠性有待提升、应用广度、深度有待提高等问题。

2017 年 11 月 30 日，工业和信息化部、发展改革委、教育部、公安部、财政部、商务部、文旅部、国家卫生计生委、国资委、海关总署、质检总局、知识产权局联合印发《增材制造产业发展行动计划（2017—2020 年）》，明确提出到 2020 年，我国增材制造产业年销售收入超过 200 亿元，年均增速在 30% 以上。关键核心技术达到国际同步发展水平，工艺装备基本满足行业应用需求，生态体系建设显著完善，在部分领域实现规模化应用，国际发展能力明显提升。目前增材制造已在铸造行业得到了初步应用，如 3D 砂型（砂芯）打印、3D 蜡模打印、陶瓷 3D 打印等。增材制造与 3D 打印技术与铸造技术相结合，可以扬长避短，使设计—修改—再设计—制模—造型—浇注这一冗长的传统铸造过程得到大大简化，显著缩短铸件的生产周期，特别是在新产品的开发，复杂铸件单件小批量的生产上，充分体现出了其优势。

2. 陶瓷 3D 打印的产业化发展机遇与挑战

目前我国对陶瓷 3D 打印的装备制造、技术基础与储备、相关理论研究及成形微观机理研究还没有广泛开展，制备材料的性能无法满足实际应用需求，但基于 FDD 技术的陶瓷 3D 打印制造装备已经可以满足实际需要，相关制造商如湖南源创、厦门斯玛特、中瑞等已经掌握了 FDD 技术，这将进一步解放陶瓷 3D 打印产业化发展的束缚。

今后，我国陶瓷 3D 产业化发展的主要方向是加强陶瓷 3D 打印材料的基础研究，包括陶瓷 3D 打印耗材的配方、设备形态设计，材料的工艺特性，材料与载能束的作用规律，材料组织形成规律与控制方法等，开发出系列化、具有国际先进水平的陶瓷 3D 打印工作母机，并逐渐形成具有独立知识产权的设备技术研发能力，形成产业化生产能力。

此外，还需建立健全陶瓷 3D 打印零件的材料缺陷检测方法与质量控制标准，形成涵盖装备、材料和工艺的完整产业链；重点研发激光选区烧结陶瓷粉末技术、激光固化成形陶瓷材料和激光固化陶瓷料浆的制备技术。

三 陶瓷 3D 打印服务概述

党的十九大提出"加快建设制造强国，加快发展先进制造业"的发展战略。陶瓷 3D 打印技术作为其中一项代表性技术，已纳入国家重点发展领域的规划中。通过推动增材制造产业的发展，建设形成以实体经济、科技创新、现代服务、产业集群协同发展的全产业链体系，进而推动"中国制造"迈向"中国智造"的新高度。

陶瓷 3D 打印服务适合应用于制造复杂结构、个性化、多样化陶瓷产品的快速制造，可根据应用需求，采用最优化的创意设计方案来实现最佳的产品功能与经济价值，使陶瓷产品设计摆脱传统技术"可制造性"的约束，给创新设计释放巨大的空间，最终为陶瓷产品设计和生产制造带来颠覆性进步。陶瓷 3D 打印服务带来集散制造的崭新模式，可通过网络平台，实现随时随地生产、个性化订单、创客设计的模式，乃至资金的集成规划与分散实施，这一生产模式有效实现社会资源的最大限度发挥，同时从创意设计到制造、从服务到消费，带来理念和行为的全方位变化，将会引发生产生活新模式转变。

除此之外，陶瓷 3D 打印服务还可以搭建"互联网＋"增材制造创新服务平台，整合产业链资源，吸引并开发优质客源，以灵活多变的合作方式为用户提供整体行增材制造技术解决方案。依托平台，设立服务与技术研发中心，形成我国陶瓷 3D 打印技术产业集群基础，在国际技术领域和市场上占据重要地位。

总的来看，陶瓷 3D 打印服务将会迅猛发展，但实现产业化仍有较长的路要走。一方面，可以通过国家政策引导与专项支持，形成陶瓷 3D 打印技术高地：针对陶瓷产品设计、日用消费领域、国防工业领域的主导需求，开展关键技术产学研用联合攻关与应用示范，开发出一系列具有突破意义的陶瓷 3D 打印服务新技术应用，开拓新材料、新工艺、新产品，建立涵盖全链条的陶瓷 3D 技术体系，在国际范围内形成技术创新高地，进而引领产业发展。另一方面，通过创新成果转化与产业化，快速拉动产业提升发展，在陶瓷 3D 打印新技术示范应用与产业化的过程中有效集聚整合跨行业优质资源，形成全链条互动，使陶瓷产品的个性化定制功能真正深入生产、生活、消费各个领域，推动陶瓷 3D 打印产业的进一步发展、成熟，形成产业规模效益；通过技术、产品和装备的创新，重组生产经营链条的各个环节，建立基于增材制造技术的全新陶瓷 3D 打印制造与服务平台，突破传统的生产模式，推动传统产业加快导入新技术实现转型升级，并进一步带动上、中、下游支撑产业与新兴产业的融合与发展，促进形成导入增材制造技术的战略性新兴产业集群，成为经济发展新的增长点。

综上所述，虽然我国陶瓷 3D 打印产业发展仍处于起步阶段，但结合国外技术与应用推广情况，未来将会有跳跃式发展。陶瓷 3D 打印将会在加快陶瓷艺术、设计艺术等领域的绿色化、数字化、智能化转型发展中发挥重大作用。

陶瓷 3D 打印开启了技术新世界，引领我们进入环保新时代。在人类生存环境日渐恶劣、资源逐渐枯竭的情况下，解决环境问题刻不容缓，而绿色制造为我们带来重要转机。在一定范围内，陶瓷 3D 打印技术实现了产品生产过程中污染小、效率高、个性化、低能耗的要求，相信随着时代技术的不断创新、发展，目前存在于陶瓷 3D 打印技术中的一些问题与困难，都将完美解决。

　　基于此，可以说陶瓷 3D 打印技术当之无愧是绿色制造行业中的主角，其发展趋势不言而喻，陶瓷 3D 打印可以开启打印未来之门。

第七部分

陶瓷 3D 打印艺术
设计作品赏析

荷兰设计师 Olivier 使用自行设计和建造的陶瓷 3D 打印机制作完成了 90cm 高的陶瓷薄壁青花花瓶，不但表面具有肌理，而且具有青花装饰效果，体现出了技术之美与设计感。（图 7-1）

图 7-1　荷兰设计师作品

　　2014 年 1 月，罗得岛设计学院（Rhode Island School of Design）的 Kate Blacklock 教授联系了 3D Systems 公司的陶艺团队，举办了一场陶瓷 3D 打印陶艺雕塑展。她聚集了不同背景、具有一定审美水平的艺术家一起，以陶瓷作为媒介，创造出与众不同、令人意想不到的新作品。这种借助陶瓷 3D 打印机完成的新陶瓷艺术设计方法可以让任何有想法的人在没有任何特殊技能的情况下创造出漂亮的、装饰性的或功能性的陶艺作品或陶瓷产品。（图 7-2）

图 7-2　Kate 举办的陶瓷 3D 打印艺术设计作品展览

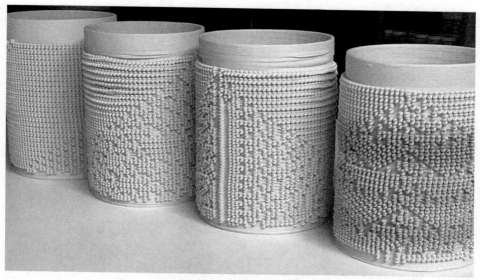

图 7-3　陶艺家与数学家的合作作品

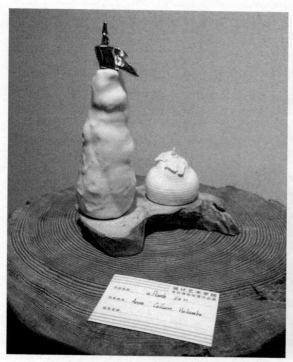

图 7-4　美国陶艺作品（3D 打印专家 Anna
Calluori Holcombe 教授作品）

图 7-5　陶瓷 3D 直接打印成型的花插设计

图 7-6　陶瓷 3D 打印随机生成的外壁装饰图案

图 7-7　《满天星》

图 7-8　《漾》

图 7-9　《向阳的仙人掌》

    Tihanyi 和他的合作者、华盛顿大学数学系的教授 Sara Billey 获得了 2018 年华盛顿大学艺术与科学学院颁发的 Bergstrom 奖，以支持"对离散数学算法的持续研究"，这些算法输出用于陶瓷 3D 打印的二维和三维触觉模式。

参考文献

［1］卢秉恒.我国增材制造技术的应用方向及未来发展趋势［J］.表面工程与再造，2019，（2）.

［2］李素丽，刘伟，杨来侠，高扬，徐超，张文明，卢秉恒.金属融滴沉积成型三维零件的工艺研究［J］.稀有金属材料与工程，2019，（2）.

［3］卢秉恒.智能制造与3D打印推动"中国制造2025"［J］.高科技与产业化，2018，（12）.

［4］田小永，李涤尘，卢秉恒.空间3D打印技术现状与前景［J］.载人航天，2016，（7）.

［5］吴妍.增材制造产业发展行动计划（2017—2020年）［J］.福建轻纺，2018，（1）.

［6］王忠睿，苗恺，朱伟军，李涤尘.基于立体光固化3D打印的一体化石膏铸型的高温力学性能研究［J］.机械工程学报，2019，（12）.

［7］李礼，戴煜.中国增材制造技术现状及发展趋势［J］.新材料产业，2018，（8）.

［8］陈静，毛祖光.浅析陶瓷材质适宜的造型结构及成型工艺［J］.美术教育研究，2012，（3）.

［9］丛日原，杜云刚，鲁玥，马昊鹏.陶瓷3D打印机挤出机的设计与仿真分析［J］.中国陶瓷工艺，2019，（8）.

［10］邓飞，刘晓阳，王金业，杨光，冯运 .3D 打印技术发展及塑性材料创新应用［J］.塑料工业，2019，（6）.

［11］卢秉恒 .智能制造与增材制造［J］.科技论坛，2016，（10）.

［12］张文武 .从三维增材制造看新工业革命国家战略［J］.中国工业评论，2015，（5）.

［13］陈为平 .3D 打印发展现状分析及展望［J］.工具技术，2019，（8）.

［14］胡嘉慧 .关于陶瓷 3D 打印的技术美研究［J］.陶瓷研究，2019，（4）.

［15］张三聪 .浅谈陶瓷产品效果图的数字表现［J］.中国陶瓷工业，2007，（12）.

［16］刘立园 .基于产品表皮设计的 Grasshopper 技术应用研究［J］.设计，2019，（4）.

［17］李涤尘 .增材制造——创新与创业的利器［J］.快速制造技术，2015，（10）.

［18］李涤尘 .增材制造：实现宏微结构一体化制造［J］.机械工程学报，2013，（6）.

［19］胡长春 .泥条构成陶瓷作品的造型特征与审美表达［J］.装饰，2014，（12）.

［20］王冠军 .陶瓷艺术的欣赏过程［J］.陶瓷研究，2002，（12）.

［21］郑荣双，车文博 .荣格心理学的东方文化意蕴［J］.心理科学，2008，（171）.

［22］井启明 .3D 打印技术在陶瓷艺术创作中的应用研究［D］.齐鲁工业大学，2019.

［23］曾凡利 .产品设计模型易用性研究［D］.昆明理工大学，2011，（12）.

［24］邱雷 .东风柳州汽车有限公司景逸 X5 造型设计［D］.湖南大学，2013.

［25］程佳剑 .陶瓷材料 3D 打印关键技术研究［D］.北方工业大学，

2018.

［26］陈清朋.面向增材制造的机械产品拓扑结构优化设计与研究［D］.山东建筑大学，2019.

［27］张乃鹏.基于产品三维模型的数字化工艺设计方法研究［D］.合肥工业大学，2013.

［28］郑家霖.我国增材制造产业创新生态系统构建研究［D］.福州大学，2016.

［29］高阳.三维打印技术在产品设计中的应用研究［D］.北京工业大学，2012.

［30］苏功鹤.中国 3D 打印产业的战略定位与发展［D］.天津大学，2014.

［31］孙水发，李娜，董方敏，杨继全.3D 打印逆向建模技术及应用［M］.南京：南京师范大学出版社，2016.

［32］姚俊峰，张俊，阙锦龙，黄孕宁.3D 打印理论与应用［M］.北京：科学出版社，2018.

［33］吴怀宇.3D 打印三维智能数字化创造［M］.北京：电子工业出版社，2017.

［34］胡迪·利普森.3D 打印——从梦想到现实［M］.北京：中信出版社，2014.

［35］吴江，徐秋莹，柳丽娟编著.产品创新设计［M］.北京：清华大学出版社，2017.

［36］叶朗.美学原理［M］.北京：北京大学出版社，2009.

［37］王位丹.产品设计的科技美与生活美［J］.硅谷，2010，（56）.

［38］李砚祖.论设计美学中的"三美"［J］.黄河科技大学学报，2003.

［39］张胜，徐艳松，孙姗姗，臧文慧，孙军，谷晓昱.3D 打印材料的研究及发展现状［J］.中国塑料，2016，（262）：13-20.

［40］王超.3D 打印技术在传统陶瓷领域的应用进展［J］.中国陶瓷，2015，（325）: 12-17.

［41］Samuel Clark Ligon, Robert Liska, Jurgen Stampfl, Matthias Gurr and Rolf Mulhaupt.Polymers for 3D Printing and Customized Additive Manufacturing ［J］. Chemical Reviews, 2017（117）, 10212-10290.

［42］Zhangwei Chen, Ziyong Li, Junjie Li, Chengbo Liu, Changshi Lao, Yuelong Fu, Changyong Liu, Yang Li, Pei Wang, Yi He. 3D printing of ceramics: A review［J］. Journal of the European Ceramic Society, 39（2019）, 661–668.

［43］Murat Guvendiren, Joseph Molde, Rosane M.D. Soares, Joachim Kohn. Designing biomaterials for 3D printing［J］. ACS Biomaterials Science & Engineering, 2016,（2）: 1679-1693.

［44］Martin Schwentenwein, Johannes Homa. Additive Manufacturing of Dense Alumina Ceramics［J］. 2015,（1）12:1-7.

［45］Tuan D. Ngo, Alireza Kashani, Gabriele lmbalzano, Kate T.Q. Nguyen, David Hui,Additive manufacturing（3D printing）: A review of materials, methods, applications and challenges,Composites Part B: Engineering, 2018,（6）143: 172-196.

［46］Huson, David. 3D Printing of Ceramics for Design Concept Modeling ［C］.2011 International Conference on Digital Printing Technologies. pp. 418-826.

［47］J.W.Halloran.Freeform fabrication of ceramics［J］. Advances in Applied Ceramics, 1999,（6）98:299-303.

［48］M. Irfan and S. Gustami, "Continuity of Traditional Ceramic Arts in The Socio-cultural Context of Crafters Society" in 1st International Conference on Advanced Multidisciplinary Research（ICAMR 2018）, 2019: Atlantis Press.

［49］W.-T. Li, M.-C. Ho, and C. J. S. Yang, "A design thinking-based study of the prospect of the sustainable development of traditional handicrafts" 2019,

（18）11:4823.

[50] A closer look at high accuracy ceramic 3D printer:Cera Fab 7500. [EB / OL]. http ： // www.3ders.org/articles/20121211-a-closer-look-at-innovation-highaccuracy-ceramic-3d-printer-cerafab-7500/html.

后 记

　　工业革命以来，技术与生产方式的变革给人们的生活方式带来了巨大的冲击，传统手工业转为社会化大工业生产，解放了受束缚的劳动力，大幅提升了生产效率，人们逐渐开始挑选令自己满意、符合审美的产品；工业 3.0 时代，新产品生命周期变短，标准化、系统化、通配型的产品开始逐渐转变为更加快速、个性化的社会服务与创新实践。增材制造技术为产品的"无模生产"提供了必要条件，基于互联网技术的数字化协同设计将会得到进一步发展。由此可见，随着信息技术与制造业深度融合，3D 打印、大数据、物联网等新技术将会组构生产关系，推动新的生产方式变革。

　　2015 年 8 月，本人受国家留学基金资助，公派往美国佛罗里达大学艺术学院担任访问学者，跟随 Anna Calluori Holcombe 教授研习 3D 打印技术。2016 年 9 月，回到景德镇陶瓷大学继续从事陶瓷 3D 打印研究与实践工作，并担任了相关课程的任课教师。2019 年设计完成的作品《瓷韵》获得了第十五届江西省美术作品展览三等奖；至 2020 年 6 月，本人主持开展了 2 项相关省级科学研究课题，编撰发表了 4 篇相关论文。按照个人理解，陶瓷 3D 打印不但可以成为设计师参与陶艺创作的手段，它还是企业完成日用陶瓷、生活用瓷生产的先进制造工艺，相信在不远的将来会有越来越多的新应用、新产品，新的生产方式、新的体验与服务出现在我们的日常生活中。

　　本书由于疫情与个人原因推迟了出版时间，打乱了出版计划，特别感谢中国戏剧出版社赵宇欣编辑的努力协调与大力支持，感谢多名编辑老师在样稿修改过程中提出的宝贵意见。需要特别说明的是，囿于个人学术水平，难免出现疏漏与错误，恳请广大读者批评指正。

张明春

2020 年 6 月于景德镇